Osprey Combat Aircraft

Ju 88 Kampfgeschwader on the Western Front

John Weal

Osprey Combat Aircraft

オスプレイ軍用機シリーズ
24

西部戦線のユンカース Ju 88
爆撃航空団の戦歴

[著者]
ジョン・ウィール
[訳者]
柄澤英一郎

大日本絵画

カバー・イラスト/イアン・ワイリー
カラー塗装図/ジョン・ウィール
スケール図面/マーク・スタイリング

カバー・イラスト解説
1940年9月27日の昼下がり、第77爆撃航空団第Ⅰ、第Ⅱ飛行隊のJu88 55機は北東フランスのラン=アティエを飛び立ち、ロンドン南部の攻撃に向かった。手違いで護衛戦闘機隊と会同できなかったものの、爆撃隊は攻撃を強行し、そのあげく、約120機ものスピットファイアとハリケーンの迎撃を受けた。整然としていたユンカースの編隊も、イギリス戦闘機から単独で、あるいは何機かまとまって逃れようとして、たちまち散り散りとなった。侵入者12機が帰還せず、そのなかにはイギリス空軍第229飛行隊のハリケーンⅠ「RE-H」(P3710)に撃墜された第77爆撃航空団第5中隊のJu88A-1「3Z+HN」(機体製造番号7112)――ギュンター・ツェッチェ中隊長乗機――も含まれていた。ハリケーンを操縦していたのはヴァーノン・ブライト中尉で、この日、ほかにHe111 1機の撃墜と、Bf109E 1機の不確実撃墜も報告している。さきのJu88撃墜については、ブライト以外の操縦士が功績を認められた形跡がないにもかかわらず、ノーソルト基地に帰還した彼には三分の一機の撃墜が認められたに過ぎなかった……実際、この勝利は当初は「不確実」と査定されていた可能性もある。
「フランスの戦い」、「ダイナモ」[ダンケルク脱出作戦]、そしてもちろん「イギリス本土航空戦」が始まってからは南イングランド上空で、度重なる空戦をくぐり抜けてきた古強者ブライトは、護ってくれる味方もなく海岸のほうに逃走するJu88に、致命的な打撃を浴びせた。やがて爆撃機は現地時間1600時[午後4時。以下時刻の表記は同]、ベックスヒル沖約15マイル(24km)の英仏海峡に墜落、搭乗していたギュンター・ツェッチェ大尉、W・マール曹長、A・ブルクハルトー等飛行兵、アルフレート・クーン伍長の4人はすべて死亡した。実際には、遺体が収容されたのは10月30日にウォルトン・オン・ザ・ネイズ付近に打ち上げられたクーンだけだった。
ヴァーノン・ブライト自身も2年後のほぼ同じ日――1942年9月24日、撃墜4、協同撃墜4、未認撃墜1、不確実撃墜1、撃破1のスコアを残して死亡した。26歳の少佐だった。彼の死をめぐる状況は記録されていない。

凡例
■ドイツ空軍(Luftwaffe)の部隊組織についての訳語は以下の通りである。
Luftflotte→航空艦隊
Fliegerkorps→航空軍団
Fliegerdivision→航空師団
Geschwader→航空団
Gruppe→飛行隊
Staffel→中隊
ドイツ空軍では航空団に機種または任務別の呼称をつけており、その邦訳語は以下の通りとした。必要に応じて略記を与えた。このほかの航空団、飛行隊についても適宜、日本語呼称を与え、必要に応じて略記を用いた。また、ドイツ空軍では飛行隊番号にはローマ数字、中隊番号にはアラビア数字を用いており、本書もこれにならった。
Kampfgeschwader→爆撃航空団(KGと略称。例:9./KG1→第1爆撃航空団第9中隊)
Lehrgeschwader→教導航空団(LGと略称。例:Ⅲ./LG1→第1教導航空団第Ⅲ飛行隊)
Nachtjagdgeschwader→夜間戦闘航空団(NJGと略称)
なお、このほか臨時編成されたいわゆる規格外の隊については、本文内で記述する。
■イギリス空軍の組織の邦訳語は以下の通りとした。
イギリス空軍(RAF=Royal Air Force)
Command→軍団、Group→集団、Squadron→飛行隊
■訳者注、日本語版編集部注は[　]内に記した。

翻訳にあたっては『Osprey Combat Aircraft 17 Ju 88 Kampfgeschwader on the Western Front』の2000年に刊行された版を底本としました。[編集部]

目次 contents

6 1章 **1939-40 ── 「驚異の爆撃機」の時代**
the wunderbomber years

47 2章 **1940-43 ── 試練の炎**
trial by fire

75 3章 **1944-45 ── 衰退と終末**
decline and dissolution

89 付録
appendices
89 西部戦線における代表的なJu88/188爆撃機隊の兵力配置

37 カラー塗装図
colour plates
91 カラー塗装図 解説

chapter 1

1939-40──「驚異の爆撃機」の時代
the wunderbomber years

　「君はまだ、私に空母1隻の借りがあるんだぞ！」　ゲーリング国家元帥は、おなじみの白い作業服を着たカール・フランケの姿を見つけると、半ば冗談のような調子で、大声を張り上げた。
　この空軍総司令官は、ドイツ航空機工業の最新型機がその能力を試されているレヒリンの実験センターへ、定期的な査察の旅に訪れたところだった。レヒリンでも最高のテストパイロットのひとりであるフランケは、上長の粗野なユーモアに微笑で応えた。だが本当のところをいえば、フランケはこうした冗談には心底うんざりしていた。そもそも彼は、「アーク・ロイヤル」［イギリス空母］を自分が沈めたなどと、決して主張したことはなかったのだから。
　フランケの投じた爆弾は至近弾に終わったのに、それを完全な撃沈にまで誇張して発表したのは宣伝省だった。だがフランケも、あえて真実をゲーリングに指摘して、彼の上機嫌に水をさすつもりまではなかった。

　すべては、開戦からほぼ正確に1年前、ヘルマン・ゲーリング元帥（当時）がユンカース航空機工場を訪問したときに始まる。その時すでにドイツ空軍は、地上軍支援をおもな任務とするまったくの戦術空軍となる方向へ、後戻りできぬまでに踏み込んでしまっていた。事実、ドイツ空軍のために四発重爆撃機開発を擁護する孤独な声は、空軍参謀総長ヴァルター・ヴェーファー中将が墜死して以来、沈黙していた。ヴェーファーは1936年6月3日朝、ハインケルHe70連絡機を操縦してドレスデン飛行場を離陸直後、大地に激突したのだが、そのとき彼とともに失われたのは同乗の航空機関士ばかりでなく、ドイツ空軍が有能な長距離戦略爆撃機戦力を保有する最後の機会も、また去ったのだった。
　ヴェーファーの後継者たちはみな戦術的航空戦力の頑強な信奉者で、急降下爆撃機と双発中型爆撃機のことしか考えていなかった。そして後者の要求に対して、当時ユンカースのデッサウ工場で開発中の「シュネルボンバー（高速爆撃機）」以上にふさわしい飛行機は、ほかに見あたらなかった。
　ゲーリングはこの新型機に非常な感銘を受け、訪問して何日も経ぬうちにユンカースの社長、ハインリヒ・コッペンベルク博士に手紙を送り、ただちに大量生産を開始する許

原型第1号、Ju88V1。1000馬力のダイムラー・ベンツDB600Aa発動機を2基装備し、1936年12月21日に初飛行したが、わずか数週間後、高速飛行テスト中に事故で失われた。

1200馬力のユンカースJumo211B-1発動機を装備し、記録を樹立した原型第5号と、テストパイロットのエルンスト・ジーベルトおよびクルト・ハインツ。

こうした印象的な宣伝写真にもかかわらず、Ju88の生産は遅れ、長引いた。これは1940年初めに開発が始まったA-4の胴体部分。

可を与えた。1938年9月3日付のこの信書は、「可及的速やかに、Ju88の強力な爆撃機集団を私のために作って欲しい」と結ばれている。

ユンカースJu88は間違いなく優れた設計の飛行機で、間もなく与えられた「驚異の爆撃機」という賛辞に決して恥じなかった。原型1号機は武装をもたなかったが、はじめJu88は——のちのイギリス空軍のモスキート爆撃機と同様に——その高速力だけに頼って敵戦闘機の追及を逃れることを意図していた。1939年3月、原型第5号機は、デッサウとツークシュピッツェ（ドイツ・アルプスの最高峰）を結ぶ距離1000kmの周回コースを平均時速517kmで翔破し、このクラスの世界速度記録を樹立して、Ju88の能力を見せつけた。

しかし、ゲーリングの1938年9月の書簡に続く12カ月のあいだ、Ju88の量産は完全に計画通りには進まなかった。さらにいえば、決してスムーズには行かなかった。ゲーリングをいたく感心させた原型機は、量産体勢に入るにはまだまだ程遠いものだった。どんな新型機にもつきもののさまざまな初期トラブルに加えて、ドイツ航空省[Reichsluftfahrtministerium; RLM]内部の保守的分子は、その後、「驚異の爆撃機」にも結局は防御用火器を備え付けることを命じていた。さらに悪影響を与えたのは、Ju88にダイブ・ブレーキの装備を決めたことで、それによりJu88は高速水平爆撃に加えて、急降下爆撃機としての役割までも負わされることになった。

このように「お上」が基礎設計をいじくり回した結果は、最大時速が65kmも低下しただけでなく、新型爆撃機を実施部隊に安定したペースで配備してゆきたいというゲーリングの希望をも打ち砕いた。

こうして1939年9月1日、ドイツ空軍は期待していた「Ju88の強力な爆撃機集団」の代わりに、わずか12機のユンカース新双発機を第一線配備しただけで、第二次大戦に乗り出したのだった。

「第一線」という言葉もまた、いくらかまとはずれといえなくもなかった。ほんの数日前まで、これら12機は、この爆撃機を実戦状況のもとでテストし、かつそれに相応しい訓練法を開発する任務を与えられた第88実験隊（Erprobungskommando 88）に所属していた。開戦の前夜、選ばれた12組のクルーとそれぞれの乗機は第88実験隊からイェーファーに移動、新任の中隊長ヘルムート・ポーレ大尉の指揮のもと、第25爆撃航空団第1中隊（1./KG25）として行動することとなった。

訓練部隊に所属する3機の初期型Ju88A-1。いちばん奥の機体の上面と下面の塗装の塗り分け線が高い位置にあることと、垂直安定板に小さな数字があることに注意。地上の積雪からみて、1939年から40年にかけての冬に撮影された、第88教導飛行隊の所属機と推定される。

　ヒットラーの軍隊がポーランドに攻め込んでから48時間後、イギリスはドイツに宣戦した。ドイツはただちに反応し、同じ9月3日のうちに、北西ドイツ防衛の責務を負う第2航空艦隊は、その特別任務参謀部（Stab des Generals z.b.V.）のひとつを航空師団に昇格させた。

　ハンス・フェルディナント・ガイスラー中将の指揮下、エルベ河岸のブランケネーゼに司令部を置く第10航空師団の主要な任務は、海上の船舶への攻撃、より正確にいえば、北海のイギリス海軍部隊を探索し、撃滅することとされた。ガイスラーの打撃部隊の主戦力は、「レーヴェン（ライオン）航空団」の異名をもつ第26爆撃航空団（KG26）のハインケルHe111だったが、その半数以上は目下、ポーランド攻略戦に投入されていたため、弱体化した戦力を補強すべく、イェーファーの第25爆撃航空団第1中隊の12機のJu88は、ガイスラーの師団に付加された。

　だが、第2航空艦隊司令官ヘルムート・フェルミー大将の考えは違った。いまだに技術試験中の飛行機で飛んでいる、実戦経験のない新編部隊を、このように少数ずつ戦線に投入してゆくのは重大な誤りだと彼は確信していた。そこで彼は第25爆撃航空団第1中隊に、ふたたび第88実験隊の本拠地、ドイツ東部ポンメルンのグライフスヴァルトに引き揚げるよう命令を下した。グライフスヴァルトではすでにJu88の2番目の実施部隊、6機編成の第25爆撃航空団第2中隊が編成されつつあった。

　1939年9月7日、第25爆撃航空団の名はわずかな寿命でドイツ空軍の記録から消えた。これら2個中隊は──間もなく第3番目の中隊が加わることになるが──第30爆撃航空団第I飛行隊（I./KG30）と改称されたのである。新飛行隊は錬成に忙しい日々を送り始めた。しかし、飛行隊長ヘルムート・ポーレ大尉はのちにこう述べている。「フェルミー大将は一点だけ譲歩した。準備のできた即応1個小隊が西部戦線に残留することを認めたのだ。これら4機はヴァルター・シュトルプ少尉の指揮のもと、イェーファーからジルト島のヴェスターラントまで移動した。大将は、こんどイギリス艦隊が顔を見せたら、この即応小隊に退屈な思いはさせないと約束した。私は、今後のいかなる戦闘にも、飛行隊全体で当たるべきだと提言したが、拒絶された」。

　フェルミー大将は単に、戦意旺盛すぎる部下の手綱を引き締めようとしていただけではなかった。彼は強い信念のもとに急ぎベルリンの最高司令部に

ヴェスターラントで第30爆撃航空団第I飛行隊の即応小隊を指揮していたヴァルター・シュトルプ。写真は後年の少佐時代のもので、柏葉騎士鉄十字章をつけている。1942年、シュトルプは第6爆撃航空団の初代司令となり、また短期間だが爆撃機隊総監も務めた。

手紙を送り、自制をうながした。新型機であるJu88は、少数機ずつちびちび使用されるべきではないと警告したのである。少なくとも完全な1個航空団——最小限100機——が作戦行動可能となり、大兵力で出動できる準備が整うまでは、我慢が必要だと彼は考えていた。

第30爆撃航空団第Ⅰ飛行隊のJu88A-1。この飛行隊は「驚異の爆撃機」を北海で初めて実戦に使用した。写真は夕暮れどきの撮影で、作戦任務から帰還した直後と思われる。主翼下面の急降下ブレーキが開いていることに注目。この機は飛行隊本部所属の「4D+BB」と識別できるが、機首のマークはふつう第1中隊機に描かれるものがついている……

[1個爆撃航空団は3～5個の飛行隊から、1個飛行隊は3個の中隊からなっていた。同じ航空団所属の全中隊には通し番号が付けられ、飛行隊の番号順に、第Ⅰ飛行隊には第1～第3中隊、第Ⅱ飛行隊には第4～第6中隊、第Ⅲ飛行隊には第7～第9中隊というように配属された。1個中隊の保有機数は10～16機、したがって1個航空団はおおむね110機から150機]

だがゲーリングは聞く耳をもたなかった。Ju88の果たすべき仕事は、もうずいぶん遅れていた。「驚異の爆撃機」はその名声を確立するため、成果を、それも速やかにあげなくてはならなかった。その機会は、あまり日をおかずに訪れた。

1939年9月26日朝、第106長距離偵察飛行隊第2中隊（2.(F)/106）のドルニエDo18飛行艇1機がノルダーナイを飛び立ち、北海のパトロールにあたっていた。突然、同機の観測士は雲の切れ間から、大型の艦艇が高速で航行していることを示す航跡を発見した。静かな海面にそこだけ開いた裂け目の上で、ドルニエが旋回を続けていると、さらに2隻の大型艦の姿が視野に入ってきた。

ドルニエ飛行艇の乗員たちは、イギリス本国艦隊の主力部隊に出くわしたのである。空母「アーク・ロイヤル」を伴った巡洋戦艦「フッド」、「レナウン」、それに巡洋艦1支隊と随行の駆逐艦隊で、それ以前、デンマーク沖で大きな損傷を受けて潜航不能となった潜水艦「スピアフィッシュ」を、北海を横断して帰還させるため護衛にあたっていた別の巡洋艦1支隊を、さらに援護するために送られた船団だった。その上、支援の万全を期すために、戦艦「ネルソン」と「ロドニー」も近くを航行していた。

敵艦発見の知らせは基地へ打電され、ただちにジルト島の爆撃隊員たちに警戒待機が命じられた。彼らに下された命令は簡単明瞭なものだった。「グリッド方眼4022に敵を発見。長距離偵察機が接触中。500kg爆弾により攻撃せよ」。

現地時間1250時、第26爆撃航空団第4中隊の9機のHe111がまず離陸した。約10分後、第30爆撃航空団第Ⅰ飛行隊「即応小隊」のJu88 4機が続いて飛び立った。ヴァルター・シュトルプ少尉が物語を続ける。

「乗員たちがちょうど昼食の席につこうとしていたとき、長距離電話がかかってきた。

『緊急出動準備！』

「私は作戦室へ駆けつけた。敵発見の知らせだった。イギリスの巡洋戦艦が2隻、空母が1隻、それに多数の小型駆逐艦と魚雷艇が、スコットランド東岸とノルウェー海岸のほぼ中間の、北海の真ん中にいる。方位は西。

「我々の主目標はもちろん空母。1機ずつ次々に離陸した。低高度で接敵せ

よとの命令だ。1時間ほど飛ぶと、もう敵を見つけた。最初に目に入ったのは2隻の巡洋艦だ。太陽を背にして接敵、その横を航過するが、驚いたことに彼らは我々に気づいていない。

「攻撃すべきか？　いや、主目標は空母だ！　我々は北に向けて飛行を続ける。

「見ろ、空母だ！　突然、そのすぐ横に巨大な灰黒色の柱が立ちのぼる。私の前を飛ぶ味方機が投下した最初の爆弾だ」

この機を操縦していたのがカール・フランケ等飛行兵である。

軍でのフランケの低い階級は、彼の経歴および真の能力に見合っていなかった。事実は、彼は資格をもつエンジニアであり、航空技術者であり、かつ経験豊かな民間テストパイロットだった。レヒリンではJu88の技術試験計画のリーダーを務め、この機体を知り尽くしていた。だがフランケはただ熟練したテストパイロットというだけでなく、熱心な飛行家でもあった。1937年夏、チューリヒ＝デューベンドルフで開催された第4回国際飛行大会に、ドイツ・チームの一員として加わったカール・フランケ工学士は、Bf109戦闘機の原型機に搭乗し、個人速度記録と上昇・降下競技に優勝を飾っていた。

デューベンドルフで好成績を収めたドイツ・チームを率いていたのは、当時、航空省の技術局長を務めていたエルンスト・ウーデットである。華やかなウーデットとのあいだの堅い絆は、フランケが1939年8月、もうひとりの旧友ヘルムート・ポーレ大尉の指揮する第88実験隊で軍務に就くことを志願した際、助けになったことは疑いない。

トレードマークの白い作業服から、両袖に1本のストライプをつけた軍用飛行服に着替え、新しく付けられたあだ名「ビーバー」──注意深く伸ばし、愛情を込めて手入れした口ひげをからかったもの──にご満悦の元テスト・パイロットが、初陣を待つ4

……そして問題のマークをよく見ると、チェンバレン英首相の有名なこうもり傘──大戦初期のドイツ空軍の部隊マークに、イギリスの象徴としてよく描かれた──の上に、ドイツ軍の爆撃照準環が重ねて描いてある。だがこの機の場合、高射砲の至近弾片が命中した箇所が丸く囲まれていて、照準環自体が目標となったように見える。

1939年10月半ばの新聞に掲載されたカール・フランケのポートレート。「一等飛行兵から少尉に特進」と説明がついている。栄光はまだ弾け散っていない。

機のJu88の機長のひとりに選ばれたのは自然な成り行きだった。

9月26日、フランケ一等飛行兵は3番目に離陸した。

「1300時少し前に離陸。頭上には厚い雲が切れ間なく広がり、甲羅を経た飛び屋である私は高度を500mにとる。この高度なら敵艦隊も発見しやすい。

「予想していた時刻とほとんどきっかり、敵艦群が見えた。偵察機の報告どおりの大型艦だ。我々はまっすぐ敵に向かっていたが、私はよりよい攻撃位置につくため少し旋回し、3000mまで上昇した。このため雲の層の上に出てしまい、空母の姿が見えないまま私は急降下を開始した。雲を突き抜けるとすぐ、うまく攻撃できそうもないとわかった。目標は照準器の中心から外れていた」

フランケはレヒリンでの経験から、Ju88の能力だけでなく、その限界についても熟知していた。急降下途中で針路を修正しようにも、照準が外れ過ぎていると知った彼は、攻撃をあきらめ離脱して、もう一度やり直すしかなかった。安全のため雲の上に戻ったとき、フランケは空母からの対空砲火がなかったことに気がついた。

実は、「アーク・ロイヤル」の乗組員たちはフランケの動作を興味深く見物していたのである。彼らは見慣れぬ姿のユンカースを、沿岸航空軍団(コースタル・コマンド)のアメリカ製新型双発爆撃機、ロッキード・ハドソンと勘違いし、あの運動性は大したもんだ、と感心していた。やっと事態がのみこめたのは、測距儀をのぞいていたひとりの有能な水兵が上官に「ハドソンは、羽根に馬鹿でっけぇ十字なんぞ描いちゃ居ませんぜ」と注意してからのことだった！

フランケがほぼ8分後にふたたび雲の中から現れたときには、「アーク・ロイヤル」の対空砲火射手たちは準備を整え、待ち構えていた。

「私は高度2700mから二度目の攻撃を開始した。今度は雲から出たら、ほとんど目標にどんぴしゃりの位置にいた。ほんのわずかの修正で十分だった。敵艦からの対空砲火の閃光は、まるで照明された巨大な広告板がそこにあるようだったが、こちらに弾丸は全然当たらなかった。

「正確な高度で爆弾投下ボタンを押した。最初の爆弾は目標から20mほど外れた海中で爆発したが、第2弾は空母の右舷に当たった。

「残念ながら、命中の瞬間には私は急降下から機体を引き起こすことに専念していたが、他の乗員が濃い黒煙と火を見たと報告した。

「偵察部隊の飛行機が空母と接触を続けた。空母は艦隊のなかに留まってはいたものの、ひどく傾斜し、安定した針路を保持できないように見えた。

「翌日、敵艦隊がふたたび視認されたとき、2隻の巡洋戦艦は空母を伴っていなかった。空母は消えてしまった」

だが、「アーク・ロイヤル」は沈められてはいなかった。艦長は完璧に艦の動きを計算して操舵命令を下し、落下してくる500kg爆弾のコースから身をよけた。爆弾は——ある士官はその大きさを「ロンドンのバス」になぞらえた——「アーク・ロイヤル」の艦首から5mも離れていない海面に落ちて爆発した。

海水の白く巨大な壁が噴き上がり、飛行甲板の前端に落下して砕けた。爆風は空母をまるごと持ち上げ、艦体を震わせた。艦は大きく傾いてから立ち直った。実のところ、しばらくは右舷に傾いていたが、自然にゆっくりと水平を取り戻した。

「アーク・ロイヤル」に将旗を掲げていた空母艦隊副司令官L・W・ウェルズ中将は、この攻撃のもたらしたものは「我々に水をはねかけ、また陶製の食器をいくつか壊しただけのことだった」と、にべもない評価を下している。

フランケの天敵、イギリス空母「アーク・ロイヤル」が護衛の駆逐艦、「ネルソン」級戦艦とともに航走する。撃沈したとドイツが大々的に宣伝したこの艦は、その後も枢軸側の悩みの種であり続け、結局、1941年11月に地中海でU-81に沈められた。

フランケの爆弾の炸裂を目撃したヴァルター・シュトルプ少尉は、もっと不運だった。彼は巡洋戦艦「フッド」に直撃弾1発を命中させたのに、舷側の装甲板に当たった爆弾は不発のまま跳ね返されてしまったのだ。あとには灰色の塗料が大きく剥げ落ちて、鉛入りの赤い下塗り塗料が露出していることだけが、命中した証拠を見せていた。

一方、より速力の遅い第26爆撃航空団第4中隊のハインケルは、その近くで巡洋艦部隊を発見、低空で攻撃したが、命中弾は得られなかった。

フランケが基地に送った電信は、用心深く言葉を選び、楽観を控えたものだったが、結局これが彼を苦しめる原因となった。「2発のSC500爆弾で空母を急降下爆撃。1発目は舷側に至近弾。2発目は前甲板にたぶん命中。結果は観察できず」。

ベルリンのドイツ空軍最高司令部には、これで十分だった。フランケの電信の写しを受け取ると、彼らはその日の午後のうちに自前の偵察飛行隊を発進させた。この偵察隊も、2隻の巡洋戦艦は見つけたものの、空母の姿は見えず、ただ吉兆とも思える油膜が広がっていた。イギリス艦隊が別々の航路をとったという可能性については、誰も考え及ばなかったらしい。「アーク・ロイヤル」は撃沈したと宣言され、大々的な宣伝が始まった。

それでも、疑いを抱く人々はいた。第26爆撃航空団司令のハンス・ジーブルク大佐はもと海軍軍人で、敵艦から立ちのぼる煙の柱や、きらめく炎でさえも、相手が被弾した証拠とは必ずしもいえぬことを知り抜いていた。これらは多くの場合、敵艦が自分の砲を発射しているしるしだったのだ。

ヴェスターラントに帰還したユンカース部隊を取り巻く混乱と興奮の

緒戦期、北海での対船舶作戦は、「アドラー」航空団と「レーヴェン」航空団の長期にわたる協力の最初の模範となった。写真は1940年の春、ノルウェーでひとつの飛行場を分け合う第30爆撃航空団第Ⅱ飛行隊のJu88と、第26爆撃航空団第2中隊のHe111。

なかで、ジーブルクはフランケと冷静な会話を交わすことに成功した。「貴官は空母が沈むのを実際に見たか?」。フランケは「見なかった」と率直に認めた。

　ベルリンでも、空軍参謀総長ハンス・イェショネック元帥は懐疑的だった。同じ日の午後、彼はグライフスヴァルトの第30爆撃航空団第I飛行隊長ヘルムート・ポーレ大尉に電話をかけた。

「おめでとう、ポーレ君。ヴェスターラントの君の即応小隊が今しがた、『アーク・ロイヤル』を沈めたよ」

　ふたりは昔からの知り合いだった。イェショネックの口調に疑いの響きを感じとることができたポーレは、ためらいなく答えた。「私には信じられません」。

「私もだ」と、参謀総長は強いベルリン訛りで同意した。「だが『鉄人』(Eiserne＝ゲーリングのこと)は信じ込んでいる。すぐにヴェスターラントへ飛んで、本当のところを調べてくれ給え」。

　その夜、ポーレがヴェスターラントに着陸したとき、フランケは途方に暮れていた。軍隊生活4週間でのしつけを忘れ、フランケ一等飛行兵はポーレを上官としてでなく、信頼できる友人として迎えた。「お願いだ、ポーレ、すべて間違いなんだ。このドタバタ騒ぎから救い出してくれ!」。

　だが、遅すぎた。翌日、ドイツ国防軍は全世界に向けて「アーク・ロイヤル」の撃沈を公式に発表した。そしてフランケは一通の電報を受け取った。

「余は貴官の行った英空母攻撃に祝意を表する。それは非常な熱意により遂行され、正当にも成功をもって報いられた。この素晴らしい軍功に対し、余は空軍総司令官として、貴官をただちに少尉に進級させることとする。敵前で貴官の示した抜群の勇敢さへの報いとして、余は総統および国防軍最高司令官の名において、貴官に2級および1級鉄十字章を授与する。

　　　　　　　　　　　　　　　国家元帥ゲーリング」

　不本意ながら英雄となったフランケの名は津々浦々に知れ渡った。だが「アーク・ロイヤル」がまだ悠々浮いているばかりか、まったく無傷だという証拠が出てきたとき、彼の運勢は上がった以上に落ち込んだ。この件に関してゲーリングは達観している様子だったが、誰もがそうというわけには行かなかった。フランケの同僚の士官のなかには、彼の昇級について、また、立ててもいない功績への叙勲に対して、あからさまな軽蔑を示すものもいた。フランケはレヒリンに戻り、試験飛行の仕事を再開したが、1939年9月26日の出来事につきまとわれることは相変わらず続いた。

「アーク・ロイヤル」は結局、1941年11月に地中海でUボートの放った魚雷に沈められるが、そのずっと前から、フランケは当時まだ中立国だったアメリカのジャーナリストに対して「自殺を考えている」と告白するほど落ち込んでいた。だが彼は明らかに思い直し、代わりに、別の実戦の場への転属を願い出た。──結局、フランケはのちに東部戦線で死ぬことになる。

「アーク・ロイヤル」へのフランケの攻撃は失敗に終わり、まだJu88はゲーリングが望んだ成果を収められずにいた。開戦後間もないこの時期、この種の戦果が期待できそうな唯一の作戦区域は、イギリスとノルウェーのあいだに広がる北海だった。ドイツ空軍のパイロットたちが「濡れた三角形(das nasse Dreieck)」と呼ぶ地域である。

　そのあと、2回の攻撃が行われたものの、結果は1機のJu88が初めて敵との交戦により失われたに過ぎなかった。10月9日、ノルウェー沖で第3中隊の所属機1機が、イギリス海軍「ハンバー(Humber)部隊」の艦艇からの対空砲火

に撃たれ、ドイツの海岸を目前にして海中に墜落したのだった。

　空軍総司令官ゲーリングは、さらなる士気向上が必要と判断したに相違ない。この事件のあった直後の朝、第30爆撃航空団第I飛行隊長はベルリンの航空省の高級会議に出席することを求められた。ゲーリングの言葉は簡にして要を得たものだった。

「ポーレ、我々にいま必要なのは成果だ。わずか数隻のイギリス艦が我々を邪魔している。『レパルス』、『レナウン』、それに古い『フッド』も入れていい。もちろん空母もだ。しかし、ひとたびこいつらを始末できたら、わが海軍の『シャルンホルスト』と『グナイゼナウ』が大西洋までの海を支配するだろう」

　ヘルムート・ポーレは元帥に、彼の部下たちはただ機会を待っているだけだと請け合った。そして今度は、彼は自分の思い通りにした。第30爆撃航空団第I飛行隊は全隊あげてヴェスターラントへ移動し、常時出撃待機することになった。

　その機会は一週間もせぬうちに訪れた。10月15日、定期哨戒中の偵察機がスコットランド沖に「フッド」と思われる巡洋戦艦を発見した。翌日早朝、この艦はフォース湾に入ろうとしているところをふたたび目撃された。0930時、ポーレはベルリンのイェショネックから電話で命令を受領した。参謀総長はひとつの警告を付け加えた。「総統の個人的意向により」、もし「フッド」がすでに海軍造船所に投錨していた場合は、決して攻撃してはならぬ、というのである。ドイツとイギリスが戦いに入ってわずか7週目、それはまだ「紳士の戦争」の色彩が濃かった。両軍とも、民間人に被害が及ぶことへの恐れから、敵の艦船がドックに入ったのちは、これらを爆撃することを禁じていた。

　1100時、ポーレ大尉は15機のJu88を率い、北海を横断する2時間の飛行に、ヴェスターラントを飛び立った。

「我々は3機ずつの、大きく間隔を空けたV字型編隊で飛んだ。スコットランドにはスピットファイアの飛行隊は居ないと聞いていたからだ」

　だが、その後の年月のあいだにたびたび証明されるように、ドイツ空軍の情報はひどく間違っていた。実際は、この目標地域の近くには少なくともスピットファイア3個飛行隊と、グラジエーターも2個飛行隊が駐留していた。とはいえ、ポーレには思いがけぬ幸運もあった。現地のレーダーが停電のため動かず、Ju88隊は地上の観測兵が頭上4000mを飛ぶ彼らの姿を肉眼で視認するまで、探知されなかったのだ。イギリス戦闘機隊はただちに緊急発進したが、それでもポーレには攻撃位置につくための貴重な数分の時間が残されていた。

　はるか低空では、陽に照らされた湾内の水面に、フォース橋が見間違えようもない影を落としていた。湾の北端、わずか上流に、海軍ロースィス造船所があった。そしてそこには、水仕切りのなかにしっかりと囲い込まれて、同様に見間違えるべくもない、船幅の広い巡洋戦艦の姿があった。爆撃隊の到着はわずかに遅

このJu88A-1の写真からは、機首下面のゴンドラに装備された「ロフテ(Lofte)」爆撃照準器と、エンジンと胴体間の翼下に設けられた4カ所の爆弾懸吊架がよくわかる。

おそらく「フッド」と思われる船幅の広いイギリス主力艦（矢印）が、入り口の水門を通って、ローシス造船所にドック入りしている姿。ドイツ空軍の偵察機から撮影。

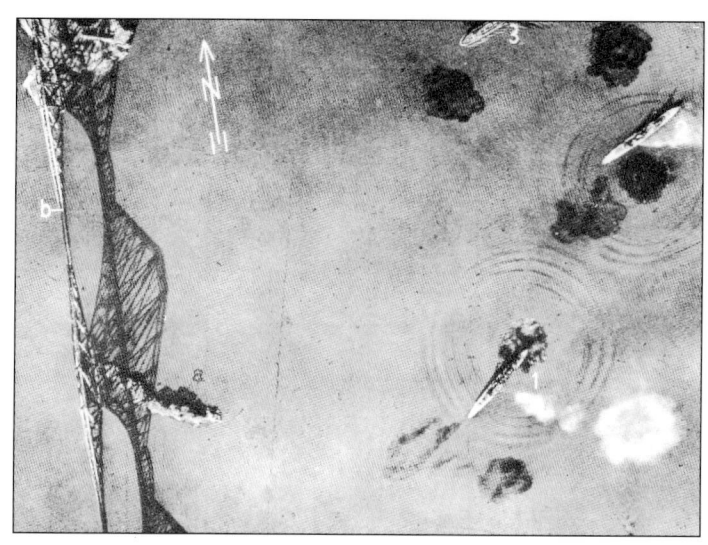

フォース湾にかかる鉄道橋の下で、ポーレのJu88隊の攻撃を受けるイギリス巡洋艦「サウザンプトン」と「エジンバラ」。この写真が最初にドイツの新聞に掲載されたときには、橋の影の下に見えるインチ・ガーヴィー島に「橋に命中した直撃弾の爆煙」と注釈がつけてあった！　島につけた（a）の文字を消そうとしたあとが見える。

すぎたのだ。

「急降下爆撃するには絶好の静止目標だった」と、ポーレはのちに悲しみをこめて語っている。「だが、このいいカモを攻撃することを、我々は堅く禁じられていた」。

しかし、ほかに合法的な目標があった。2隻の巡洋艦と数隻の駆逐艦が開けた水面の上、ちょうど橋の下にいた。ポーレは巡洋艦のひとつ、9000トンの「サウザンプトン」を目標に選び、乗機「アントーン＝クーアフュルスト」[Anton-Kurfürst。この機体の各機固有文字「A」と所属中隊を表す文字「K」を、その字で始まる人名になぞらえた呼びかた]の機首を下に向け、80度の急降下に入った。

「いきなり、大音響とともにキャノピーの天井が吹っ飛び、後方機銃も一緒に持っていってしまった」。

ポーレにはこれが敵の対空砲火によるものか、それとも構造的な破壊か、どちらとも確信がもてなかった。構造破壊はレヒリンでの急降下試験中、一度ならず発生しており、これはJu88の初期トラブルが必ずしもすべて解決してはいないことを示すものとも思えた。耳元でうなりをあげる暴風にもめげず、ポーレは機の安定を保ちつづけ、500kg爆弾を「サウザンプトン」にじかに叩きつけた。

3週間前に「フッド」を直撃したときと同様、爆弾はこんども不発だった。だがそれは「サウザンプトン」の3層の甲板をきれいに貫き、艦の横腹から飛び出す際に、そこに係留してあったランチを1隻沈めた。ゲーリングの期待に応えるには恐らく少々不足だったにせよ、「驚異の爆撃機」は初めて撃沈戦果をあげたのだった！

ポーレが乗機を垂直に近い急降下から引き起こしたとき、電信士が警告の叫びをあげた。「スピットファイア3機編隊が襲ってきます！」。

「防御行動をとるチャンスはまったくなかった」と、ポーレはのちに書いている。「すぐに左エンジンが被弾し、煙を噴きはじめた。私は海のほうへ機首を向けた。スコットランド海岸沖に海軍が配置していた『ヘルヌム』（Hörnum＝救助用のトロール船）まで、たどり着きたかったからだ」。

しかし、ポーレは成功しなかった。イギリス空軍第602飛行隊の3機のスピットファイア（本シリーズ第7巻「スピットファイアMkI/IIのエース1939-1941」を参照）は旋回して戻っ

ドイツ空軍の攻撃機が、垂直に近い急降下から引き起こす途中で撮影したイギリス軍艦「エジンバラ」。低空からの撮影ながら、鮮明さを欠くことは致し方あるまい。

こちらに撮されたのは上の写真の撮影者か？　上に比べ、質的にはいくらも増しとはいえないが、地上から撮影されたこの写真は、「エジンバラ」の近くに爆弾を落としたのち機体を水平に引き起こすJu88の姿を明瞭にとらえている。この写真も後日、ドイツの新聞に出た。

「いまだ紳士の戦争」。ドイツ軍旗に覆われたポーレ機の乗員2名の棺が、イギリス空軍軍人に付き添われ、完全な軍葬の礼を受けつつ、エジンバラ近くの墓地へ運ばれてゆく。後方では警官が礼儀正しく敬礼を送っている。

てきて、ふたたび攻撃をかけた。彼らの射弾は乗員ふたりを殺し、苦闘していた左エンジンを完全に停止させた。攻撃はまだ続き、観測士が負傷したが、それでもユンカースは何とかさらに20km飛び続け、ファイフ・ネス沖の海上で、ポーレは不時着水を余儀なくされた。乗員のなかでただひとり生き残ったポ

ーレは、その後の6年間を捕虜として過ごすことになる。

ホルスト・フォン・リーゼン少尉は自分の飛行隊長ときわめてよく似た経験をした。

「急降下中に、大口径の対空砲火が私の機のすぐ近くで炸裂したに違いない。一瞬、エンジン音をかき消すほどの大音響がして、強い風がうなりをあげてコクピットに吹き込んできた。右エンジンのカウリングが吹き飛び、キャノピーが内側にねじ曲がっていた」

それでもフォン・リーゼンは攻撃を強行し、駆逐艦「モホーク」に損害を与え、同艦は安全を求めて開けた海上に脱出した。彼もまたスピットファイアに追いかけられたが、無事なほうのエンジンに頼って、よたよたとヴェスターラントに帰り着くことができた。一方、ポーレが着水してからほぼ45分後、防衛側の戦闘機隊は2機目のユンカースを血祭りにあげた。第603飛行隊のスピットファイア1分隊が、第1中隊所属の「ドーラ=ハインリヒ」をシートン港北方6kmの湾内に撃墜したのである。

影の長さからみて、15頁の巡洋艦2隻への攻撃の直後、ほぼ同位置で、やや高度から撮影されたフォース湾の偵察写真。右上方に、まぎれもない空母「フューリアス」の姿が見える。今回、ドイツの写真解読班はインチ・ガーヴィー島に手をつけていない！

翌10月17日、第30爆撃航空団第I飛行隊のJu88 4機は新飛行隊長フリッツ・デンヒ大尉に率いられ、オークニー諸島のイギリス海軍根拠地スカパ・フロー攻撃のため、ヴェスターラントを飛び立った。だが着いてみれば、泊地は閑散としていた。わずか72時間前、大胆にも泊地深く潜入したドイツ潜水艦U-47の雷撃により、戦艦「ロイヤル・オーク」を撃沈されたあと、イギリス本国艦隊は安全のためスコットランド西岸のユー湖に避難していたのだった。

スカパに残っていた唯一の艦は航海不能の古い戦艦「アイアン・デューク」［ワーテルローでナポレオンを破ったウェリントン公爵の異名］で、装備を一部取り外された姿でホイ島の海軍基地近くに係留されていた。ユンカースからの至近弾1発が「デューク」の喫水線下に大きな損傷を与えたため、この由緒ある艦は浅瀬へと曳航され、浜に引き上げられた。対空砲火はそのお返しに、侵入者1機を撃ち落とした。第2中隊所属のこの機はホイ島の上で爆発し、第二次大戦でイギリスの大地に落ちた最初のドイツ空軍機となった。

イギリス空軍に妨げられない限り、ドイツ空軍偵察機はフォース湾とスカパ・フローにおける敵海軍の活動状況を監視し続けた。製造番号1333の所属偵察中隊は不明だが、文字と地図からみて、明らかにスカパを訪れたことがある。だがその地への出動回数を示す20本の横棒がすべて同じクルーによるものか、それとも中隊の合計かは明らかでない。

イギリス本国艦隊の主力艦が避難してしまった結果、第30爆撃航空団第I飛行隊はほかの目標を捜さなくてはならなかった。天候が悪化しつつあったにもかかわらず——1939年から40年にかけての冬は近年にない厳しいものとなる——飛行隊は出撃の回を重ねた。これらのほとんどは確かな成果を収めるに至らなかったが、11月13日、サロム・ヴォーのイギリス空軍飛行艇基地を含む、シェットランド諸島の軍事施設に対する攻撃で、第I飛行隊は1918年以来初めてイギリスの大地に爆弾を投下し、ヨーロッパの空戦をエスカレートさせる上で、ささやかな役割を果たした。爆弾は4発すべて、開けた野原に落ちて無害に爆発し、被害を受けたのは一匹のウサギだけだったと伝えられた。実をいえば、全国紙に写真が大きく掲載されたこの不運な動物は、その前から死んでいた——宣伝目的のために、急いで近くの食肉店で買い求め、爆弾の穴のなかに横たえられたものだったのだ！

　約5週間後の12月22日、第30爆撃航空団第I飛行隊のJu88 2機は偵察のためフォース湾の上空にふたたび現れた。彼らを迎撃したのは旧敵、第602飛行隊のスピットファイアI型だったが、なぜか侵入者をハインケルHe115水上機と見間違えた！　ユンカースは2機とも脱出に成功したものの、1機が基地帰還の際に墜落した。

　このころには2番目の実戦飛行隊が、新しく設立されたJu88用訓練部隊（第88教導飛行隊）から基幹人員を得て編成済みで、第30爆撃航空団第II飛行隊として1939年12月初めに作戦行動可能と宣言された。翌月には第III飛行隊も同様にして創設された。これら2個飛行隊は、最近ヴァルター・レーベル中佐（前・第26爆撃航空団第I飛行隊長）の指揮下に設立された航空団本部飛行隊ともども、当初バルト海岸のバルトに基地を置いた。第30爆撃航空団はいまや完全な組織となり、機数でも第26爆撃航空団と対等に達したことから、任務の明確な分担が始まった。過去数週間のあいだ、第30爆撃航空団第I飛行隊の少数のJu88は、「レーヴェン航空団」［KG26］のHe111の、より大規模な編成と協力してたびたび出動していたが、今後は第26航空団は主として商船攻撃にあたり、いまや翼の生えそろった「アドラー（鷲）航空団」［KG30］のJu88が、イギリス海軍への攻撃を続けることとなった。

　1940年初めの数カ月を除けば、第30爆撃航空団第I飛行隊は単独で北海上空の軍務に服し、その過程でいくつかの損失を出すことになる。

Ju88A「4D＋AA」は第30爆撃航空団初代司令、ヴァルター・レーベル中佐の乗機。航空団本部所属機に描かれた部隊マーク「舞い降りる鷲」は、このように背景が斜めに3分割されて、麾下3個飛行隊をそれぞれ表す赤／白／黄（上から）に塗り分けられていることに注目。

　最初の損失が起きたのは1月1日。オークニーとシェットランドへ向かった6機のJu88のうち、1機が帰還しなかった。2月3日には第2中隊がモーレイ湾外で875トンのイギリス掃海艇「スフィンクス」を撃沈し、ついに航空団最初の公認された戦果をあげたものの、ユンカース1機を失った。6日後、第I飛行隊は同じ地域で、トロール船から改造された小型の掃海艇2隻を沈めたが、またもや味方1機を喪失した。

　3月8日、第30爆撃航空団第I飛行隊は3機のJu88をスカパ・フロー偵

レーベル中佐(右)と部下のパイロットたち。中央の飛行帽姿は第I飛行隊長フリッツ・デンヒ大尉。飛行服を身につけた乗員たちのいくぶん緊張した表情から察して、戦果をあげて帰還した際のものではなく、飛行前のブリーフィングである。

察に送り出したが、厚い雲に妨げられた。海上に数マイル出たところで1機が護衛の戦闘機に撃墜され、残る2機は無事ヴェスターラントに帰還したものの、報告できることは何もなかった。現地上空の悪天候のため事実を確認できなかったとはいえ、イギリス本国艦隊がオークニーの根拠地に戻りつつあるのではなかろうかという、ドイツ側の疑念は十分に当たっていた。戦艦「ヴァリアント」と「フッド」は3月7日にスカパに帰還していたし、48時間後にはさらに2隻の巡洋戦艦「レパルス」と「レナウン」が、戦艦「ロドニー」とともにこれに続いた。

これだけ重量級艦が集中し、それに付随する巡洋艦や駆逐艦も加わっては、そう長く探知されずに居られるものではなかった。彼らの存在を発見すると、これを懸念したドイツ海軍の一参謀は、ただちに空軍に対して大規模な爆撃行動を要請した。攻撃は第26爆撃航空団のHe111が地上の防御力を制圧する一方、第30爆撃航空団第I飛行隊のJu88がスカパ・フローに停泊中の艦艇に急降下爆撃を加えるという、両航空団混成部隊により実行された。18機のユンカースの指揮官はふたたび飛行隊長フリッツ・デンヒ大尉だった。

「我々は目標に直進するコースをとらず、回り道をして接近した。奇襲効果を期待してのことだった。天候は依然悪く、雨と降雪が視界を妨げた。だがスカパ・フローに近づいたとき、天候の神は我々に微笑んでくれた。雲が切れ、薄れつつある夕方の光のなかで、はるか下方に大型の艦艇群が見えたのだ」

デンヒは部下たちを3機ずつの分隊(シュヴァルム)に分け、それぞれ目標を選ぶよう命じた。高度2000mで、Ju88は機首を下に向け急降下に入った。攻撃目標のなかには「ロドニー」と「レナウン」も入っていた。

「すべては時計仕掛けのように進行した。我々は完全な奇襲に成功し、きわめて正確に爆弾を蒔くことができた。何隻かには直撃弾が命中し、ほかの艦も至近弾で大きな損害を受けたに相違ない。

「攻撃が進むにつれて対空砲火は激しくなったが、被弾を報告してきたのは1機だけで、それも基地に帰還できた。敵戦闘機による妨害はまったくなかった。1955時にはすべて終了した。帰路についてからもずいぶん長いこと、イギリス艦の燃える炎が見えていた」

ヴェスターラントに帰還した乗員たちは熱狂的な歓迎を受けた。彼らは3隻の戦艦と1隻の重巡洋艦に直撃弾を与えたと報告した。実際は、主要な艦で損害をこうむったのはただ1隻、8インチ(20cm)砲を持つ巡洋艦「ノーフォーク」だけで、喫水線下に孔をあけられたものだった。加えて、修理中の「アイアン・デューク」が至近弾3発により、またもや軽度ながら損傷を受けた。

第30爆撃航空団第I飛行隊の唯一の損害は第3中隊所属の1機で、帰還途中に方角を見失い、バルト海の島に不時着した。不幸にもこの島はたまたまデンマーク領だったため、乗員たちは抑留された。だが彼らの強制されたデンマーク滞在は長くは続かなかった。ドイツ国防軍は「ヴェーゼルユーブンク

（ヴェーゼル演習）作戦」──ノルウェーへの侵攻──の発動を準備中で、北海上空の戦いの主戦場は西から東へと、劇的に移動しようとしていたからである。

スカンジナビアでの戦いが始まる直前、第30爆撃航空団の2番目の飛行隊は短期間ながら「濡れた三角形」上空の戦いに加わっていた。3月末の第II飛行隊の実戦初陣は、幸先がよいとは到底いえぬものだった。飛行隊長クラウス・ヒンケルバイン大尉は1週間足らずのうちに、3人の中隊長をすべて死なせてしまったのだから。

最初の死者は第6中隊長ルードルフ・クヴァート中尉で、3月29日、ノーサンバーランド沖で小規模な沿岸輸送船団を攻撃中に対空砲火の犠牲となった。4日後、スカパ・フローへの薄暮攻撃ののち、悪天候のなかで第4中隊長フリッツ・コッホ大尉がドイツ本土に墜落した。さらに24時間後の4月3日、第5中隊長カール・オーファーヴェーク中尉は、ノルウェーのベルゲンに向かう定期的な北海輸送船団のひとつを護衛していたサンダーランド飛行艇によって撃墜された。

ヒットラーに「ヴェーゼルユーブンク」作戦の発動を決定させた理由は、このような貿易路を途絶させ、スカンジナビアにおけるイギリスの影響力を根こそぎにすることにあったが、それ以上に、スウェーデンからノルウェーの水域を通って第三帝国に海上輸送されてくる、彼ら自身にとり死活的に重要な鉄鉱石の供給を確保する目的があったのである。

ノルウェー
Norway

第10航空師団は対イギリス戦勃発により、北海での敵海上輸送妨害の戦いのために編成された生まれたての航空部隊だったが、誕生してわずかひと月で軍団レベルに格上げされた。こうして大幅に補強されて生まれた第X航空軍団は、引き続きガイスラー中将を司令官とし、いまや、来るべきノルウェー侵攻のため集結したすべての空軍部隊──相当数の輸送機を含め、優に1000機を上回る──を指揮下に置いていた。

軍団の攻撃力の大部分はWデイ（「ヴェーゼルユーブンク」発動の日）当日、スカゲラグ海峡を越えて、ノルウェー南部の各飛行場を当日中、もしくは短時日のうちに占領する計画だったが、レーベル中佐の指揮する第30爆撃航空団

上●1940年3月16日のスカパ・フローへの攻撃から唯一、無事に戻れなかったのがこのJu88で、針路を誤ってデンマーク領ローラン島に不時着した。第30爆撃航空団第3中隊所属機と伝えられているが、右舷エンジンナセルにはおなじみの[第1中隊の]マークが見える。

下●1機を失いはしたものの、3月16日のスカパ・フロー攻撃は大成功と見なされた。当時の習慣に従い、攻撃後、乗員たちは記者会見を行った。デンビ大尉はスカパの地図の下に座り、マグヌッセン中尉に話を任せて満足しているようだ。

の3個飛行隊は、初めはヴェスターラントに留まることになっていた。

　ドイツ軍がノルウェーに対して行動を起こせば、イギリス空軍と海軍はすみやかに反応するものと予想された。そこで、第X航空軍団が「船舶攻撃のエキスパート」と認める第30爆撃航空団のJu88は、北海のかなたからやってくる艦艇群のもたらすいかなる脅威にも反撃するため、ジルト島で警戒待機させられたわけだった。ついでながらヴェスターラントには、第30爆撃航空団Z中隊（Z./KG30）、すなわち、Ju88A爆撃機から発達した重戦闘機Ju88Cの最初の生産機で装備された半独立中隊も駐留していた。この中隊はそれ以前の数週間、おもに長距離駆逐機（ツェアシュテーラー）としての任務についていたが、ときには航空団主力の3個飛行隊の爆撃機とともに出撃した。ノルウェーでの戦いが終了すると、Z中隊とその母体となった航空団との関係はすべて解消され、中隊は第1夜間戦闘航空団第4中隊（4./NJG1）となった。

　1940年4月9日早朝、ドイツ軍によるノルウェー攻撃のニュースが伝わると、イギリスの反応は予想通り迅速だった。本国艦隊の艦艇群はすでに洋上に出て、北に向かっていたが、南のスタヴァンゲルへと反転した。その海域にはドイツ海軍の大部隊の存在が報告されていた。第30爆撃航空団が予備兵力として留め置かれていたのは、まさにこうした事態に備えてのことだった。

　3個飛行隊、全47機のJu88は4月9日午後、ヴェスターラントを飛び立った。飛行1時間ののち、先頭の機体がベルゲン南西にイギリス艦艇群を発見した。続いて起こった「史上最大の空と海の戦い」と形容された戦闘で、ユンカースは2隻の巡洋艦に直撃弾を命中させた。9100トンの「サウザンプトン」と、やや小さな「ガラティーア」が損傷を受け、また駆逐艦「グルカ」は損傷が激しく、約4時間後に浸水のため沈没した。

　そのころにはユンカースの第2波が、第26爆撃航空団のハインケルとともにイギリス艦隊攻撃に加わっていた。彼らは戦艦1隻と重巡洋艦1隻に命中弾を与えたと報告したが、これはそれほど的外れではなかった。戦艦「ロドニー」は直撃弾を受けたものの、爆弾は厚さ150mmの装甲甲板を貫通できなかった。ほかに重巡洋艦「デヴォンシャー」と、「グラスゴー」、「シェフィールド」が至近弾で損害を受けた。

　空からの援護がなかったにもかかわらず、対空砲火の射手たちは果敢に防御戦を展開し、第30爆撃航空団第III飛行隊長ジークフリート・マーレンホルツ大尉機をはじめ、4機のJu88を撃ち落とした。

　翌日夕方まだ早いころ、第Iおよび第II飛行隊の19機のJu88はふたたびヴェスターラントを離陸、北西へ針路をとった。だが今回の彼らの目標は、依然として北海を自由に遊弋（ゆうよく）している本国艦隊ではなく、スカパ・フローにある敵艦隊の燃料貯蔵所だった。攻撃は薄暮に行われ、さらに2機のユンカースがイギリス側の対空砲火によって失われた。

悲劇のノルウェー戦を通じて、地上部隊を支援する連合国海軍や商船の乗員たちは、Ju88の角張った肉食獣的なシルエットを、いやになるほど目にすることになった。

つぎの作戦出動を前に、地図をチェックするJu88 A-1の乗員たち。全員、ジッパー付きの軽量飛行服を着用し、うちふたりは用心深いことに、早くもパラシュート縛帯まで身につけている。

翌4月11日、航空団は少数機ずつ南部ノルウェーへ移動を始めた。地上の戦いの主戦場はゆっくりと北方に移りつつあり、次の週を通じて航空団は一連の威力偵察飛行を実施した。北海上空の航空活動も、すべて一方だけが行っているわけではなかった。ノルウェーの戦いに、イギリス空軍の果たす役割は次第に大きくなりつつあり、ドイツ空軍占領下の飛行場への空襲がすでに何度も実行されていた。

すぐれた急降下性能を見せる4機のJu88。どう考えても、写真撮影のために演出された空中機動と思われる。実戦では、パイロットはこのように前機のあとにしたがって降下するよりも、さまざまな角度から攻撃して、敵の対空砲火を混乱させ、狙いを狂わせようとするのが普通だった。

4月17日の夜明け前、イギリス巡洋艦「サフォーク」の8インチ砲が長時間にわたり、スタヴァンゲル＝ソーラを砲撃したことは、新しい局面をもたらした。「サフォーク」と護衛の駆逐艦は明るくなる前に引き返したが、報復を逃れることはできなかった。最初に彼らを発見したのは、自分たちを苦しめたばかりの敵を追おうと、他ならぬソーラから離陸した第26爆撃航空団のハインケルだった。ハインケルは「サフォーク」に2発の命中弾を報告したが、効果はほとんどなかったらしい。

ほんとうに損害を与えたのはそのあと、ヴェスターラントから飛来した第30爆撃航空団第Ⅱ飛行隊のJu88だった。12機のユンカースはノルウェーの海岸から約60マイル（96km）の沖で、逃走する敵艦をとらえた。このとき突然、同数のイギリス空軍のブレニムがその場に現れなかったら、ユンカース隊の注意深く調整された攻撃をうけた「サフォーク」は撃沈されていたかも知れなかった。

ブレニムは闘志満々なダイブで突っかけて、ドイツ機編隊をバラバラに崩した。だがこれらのブレニムは長距離戦闘機型ではなく爆撃機で、その朝に海軍が行った艦砲射撃の仕上げのために、スコットランドのロシーマウスに設けられた仮設基地から飛び立ち、スタヴァンゲル＝ソーラへ向かう途中、たまたま通りかかったものだった。ブレニムの介入はまったくの偶然で、ただ味方艦の苦境を目撃した編隊長が、本能的に反応したのである。数分間の混乱のの

とはいえ、被弾する機体が出るのは避けられなかった。だがそれも、この陽気な若い曹長の士気を萎えさせはしなかったように見える。

ち、この偶然の出会いに関わった3つの部隊はそれぞれの進路に戻った。第30爆撃航空団第Ⅱ飛行隊のユンカースはヴェスターラントへ帰還し、イギリス空軍第107飛行隊のブレニムは命令通り爆撃任務を遂行するため、ふたたびソーラへ向かった。「サフォーク」はよたよたとスカパへの帰路につき、後甲板を海水に洗われながら4月18日に帰港した。

このころ、イギリス・フランス連合の地上部隊は中部ノルウェー海岸の要地、なかでもトロンヘイムを間にはさんだオンダールスネスとナムソースに上陸しつつあった[オンダールスネスに4月18日、ナムソースには4月16～17日]。ノルウェー第3の大都市トロンヘイムは、そのはるか北方、スウェーデンの鉄鉱石をドイツへ積み出す港のあるナルヴィクとともに、Wデイ当日に侵入軍に占領されていた。連合軍が必死に奪回を図っていた、この2カ所の孤立したドイツ占領地の上空で、第30爆撃航空団はノルウェー攻略に至る残りの期間を戦うことになった。

4月18日、第Ⅰ飛行隊によるナムソースへの威力偵察は悪天候に妨げられたが、24時間後、彼らはフランスの護送船団が増援兵力を運んできているのを発見した。Ju88の「ケッテ」[3機分隊]は護衛の巡洋艦2隻のうち1隻「エミール・ベルタン」に攻撃を加え、同艦はひどく損傷を受けて、余儀なくスカパへ退却させられた。4月21日、第30爆撃航空団第Ⅱ飛行隊はオンダールスネスで対潜トロール船2隻を沈めるという、より地味な戦果を収めた。

同じ4月21日には、2番目のJu88部隊が作戦行動可能となった。開戦後ほとんど8カ月というもの、第30爆撃航空団は「驚異の爆撃機」で敵と戦っている、実質上ただひとつの航空団だった。だがこの間に、新ユンカース双発機の生産はゆっくりながら増えはじめ、他の部隊のいくつかが本機への機種転換を開始していた。

最初に転換を始めた部隊のひとつは第1教導航空団(Lehrgeschwader 1)だった。その名が示すように(Lehrは「教育」といった意味)、第1教導航空団はもともと、1930年代後期にドイツ空軍に就役しはじめた新世代の航空機について、その運用手順を評価し、発展させるために設立された。その結果、航空団を構成する各飛行隊は当初、戦闘機、爆撃機、急降下爆撃機など、それぞれ異なる機種の飛行機で装備されていた。しかし、1940年早くから始まったJu88への漸進的な転換は、機種統一化の始まりでもあり、やがてこの部隊は普通の、そしてきわめて成功した爆撃航空団となる。

1940年4月の時点では、この転換計画は完成にはまだ遠かった。第1教導航空団第Ⅲ飛行隊はノルウェー戦後期に作戦参加のため現地に移動したとき、まだHe111とJu88をまぜこぜに使用していた。4月21日に行われた同飛行隊の作戦行動の最初のひとつは、トロンヘイムとノルウェー南部を結ぶ鉄道に沿った陸上目標を狙ったものだった。

48時間後、第30爆撃航空団と第1教導航空団第Ⅲ飛行隊が連合した

第1教導航空団に新しく引き渡されたこのJu88A-5を前に、地上員たちの間には興味と無関心が同居しているようだ……

……だが、同じ38号機(L1+MK)が離陸滑走中、ぬかるみに車輪をとられて逆立ちとなって停止した際には、たちまち見物人の一団が集まった。よく見ると、「グリフォン」を描いた部隊マークの下の胴下面出入り口が開いている。乗員たちはここから、ふたつの増加燃料タンク――それとも500kg航空機雷だろうか！――の間を通って脱出した。

　約24機のユンカースは、フィヨルドのなかの船舶を攻撃するためオンダールスネス地区に戻った。彼らはノルウェーの小型汽船を1隻沈めたが、対空砲火で第1教導航空団の1機を失った。

　4月25日は作戦行動に忙しい日となった。午後早々、第1教導航空団第Ⅲ飛行隊のJu88は同じ航空団のハインケルとともに、オンダールスネスから30マイル(48km)ほど内陸にある凍結した湖、レシャースコーグ湖を爆撃した。イギリス戦闘機隊が、そこを間に合わせの離着陸場に使っていたのである。さらに後刻、同様の混成編隊はオンダールスネス手前のフィヨルド内にいた連合軍船舶を攻撃した。この際、第Ⅲ飛行隊は2機目のユンカースを失った。イギリス空軍第254飛行隊の長距離戦闘機型ブレニムに撃墜されたと見られる。第30爆撃航空団第Ⅰ飛行隊も同じ地区に大部分の努力を集中し、ただ1分隊(3機)だけが、沖合80kmに出現が報告された戦艦「ウォースパイト」に向けて発進したが、成果は得られなかった。

　その後数日間で、第30爆撃航空団と第1教導航空団第Ⅲ飛行隊のJu88は何隻かのノルウェー船を沈めた。このころ、トロンヘイムの北と南に位置する連合軍陣地は防備不能になりつつあった。北と南からトロンヘイムを挟撃して同市を奪回する計画は実行できず、またドイツ空軍の襲来に絶えず苦しめられて、ついに「ナムソースとオンダールスネスに上陸した部隊を、可及的速やかにふたたび乗船させる」決定が下された。

　オンダールスネスからの撤退は5月1日に完了した。当日、第30爆撃航空団第Ⅱ飛行隊のJu88は、出航してゆく船団を護衛していたイギリス海軍巡洋艦の1隻を攻撃したが、成果はなかった。ナムソースも2日後に放棄される。だがこのときには、第30爆撃航空団と第1教導航空団第Ⅲ飛行隊のユンカースは、この戦いに参加したハインケル装備の多くの飛行隊とともに、ノルウェーから呼び戻されていた。間近に迫った、フランスおよび低地3国[ベネルクス3国]への侵攻に備えるためだった。

　ノルウェー征服にJu88が果たした役割について、話の続きに、もうひとつ余

談を付け加えておくことも無駄ではあるまい。それから2週間ばかり後(西部戦線での「電撃戦」の真っ最中のこと!)、第30爆撃航空団第Ⅱ飛行隊から、ひとつの分遣隊がノルウェーに戻ってきた。ノルウェー戦の最終幕、ナルヴィクの戦いに加わるためである。

[イギリス・フランス連合軍は4月24日、ナルヴィクに上陸、5月13日に本格的な攻撃を開始し、28日にはフランス・ノルウェー軍が同市をいったんは奪取した。だがドイツ軍の激しい反撃に遭い、結局、6月8日に撤退する]

5月16日、ユンカース隊はナルヴィク争奪戦を支援中のイギリス艦隊に急降下爆撃を加えようとした際、空母「アーク・ロイヤル」から発進したイギリス海軍航空隊第803飛行隊のスキュア艦上急降下爆撃機に、第6中隊所属の2機を撃墜された。このような損失はあったものの、ナルヴィク戦におけるドイツ空軍の役割は、ノルウェー戦全体を通じていえることだが、決定的なものとなった。ユンカース隊は連日休みなく空にあり、陸上および海上の目標を襲った。連合軍はこのスカンジナビア最後の拠点を持ちこたえることができず、6月8日に至るまでの5日間に、2万5000人が撤退していった。最後に去った船団を護衛していたのは「アーク・ロイヤル」だった。

6月9日の午後、第30爆撃航空団第6中隊の3機分隊は、沖合かなり出たところでこの船団を発見した。3機はいずれも「アーク・ロイヤル」に的をしぼって急降下爆撃を加えたが、成果はなかった。その前のカール・フランケと同じく、彼らもまた「アーク」を沈められなかった――それが取り沙汰されることは、はるかに少なかったものの。

フランスとベネルクス
France and the Low Countries

ノルウェーの戦いは、従来「前座の余興」のように描写されている。これはあまりに単純化しすぎた見方であるにせよ、総統ヒットラーの目がしっかりと向けられていたのは西方――昔からの敵、フランスであったことは、疑う余地のない事実である。

1939年から40年にかけての冬――いわゆる「まやかしの戦争」の時期――に、ドイツ空軍は急速に膨張した。だが、機数が増え、新型機が導入されたとはいっても、それらは均等には分配されなかった。前線部隊に配備されたJu88の機数は、開戦の1年前にゲーリングが望んでいた「強力な爆撃機の集団」には、依然としてほど遠いものだった。

1940年5月初め、第30爆撃航空団と第1教導航空団がドイツに帰還したとき、彼らは西部戦線で群を抜いて最大のユンカース部隊だった(第1教導航空団では、ただ1個飛行隊だけがハインケルからユンカースに転換を終えていたに過ぎなかったのだが)。彼らと並んで、来るべき攻勢の北側面を担当する第2航空艦隊の一

Ju88部隊の隊列に、新しいマークが加わった。第51爆撃航空団の有名な「エーデルヴァイス」である。

あらゆるJu88パイロットのなかでも、たぶん最も有名なヴェルナー・バウムバッハ中尉が、ノルウェー戦における抜群の武功により、騎士鉄十字章を授与される光景。その後も船舶攻撃で卓抜な戦果をあげて、1941年にはこれに柏葉を、1942年には剣を加えた。シュトルプと同じく、バウムバッハ中尉も戦争初期の爆撃機乗りの英雄から、のちには爆撃機隊総監に就任した。終戦時には第200爆撃航空団司令を務めていた。

部となる(ただし別の航空軍団の指揮下に属する)第4爆撃航空団第Ⅲ飛行隊は、いまだJu88への機種改変を完了していなかった。

第2航空艦隊の6個のJu88爆撃飛行隊(4個は完全に、2個は部分的にJu88を装備済みで、作戦行動可能機数は総計100機余り)は、それでも隣接部隊である南ドイツの第3航空艦隊に比べれば、5倍も規模が大きかった。第3航空艦隊では、わずかに1個飛行隊、すなわち第51爆撃航空団第Ⅱ飛行隊だけが、完全に作戦行動可能なJu88部隊だった。西部戦線の戦いが始まった時点で、第51爆撃航空団第Ⅰ飛行隊は未だにHe111からの転換の途中にあり、この2個飛行隊で、わずか22機の使用可能機を対フランス戦の緒戦に提供することになる。

このころ、Ju88の最初の偵察機型もまた就役しつつあったことは注目に値しよう。これもまた、イギリス空軍のモスキート同様、ユンカースの基本設計が応用性に富み、多様な任務に適合できたことを証明するものだった。西部戦線で第2および第3航空艦隊に配分された計10個の長距離偵察飛行中隊のうち、いまや2個中隊を除くすべての部隊が、標準装備であるハインケルやドルニエと並んで、2機ないし3機の新ユンカース偵察機を運用していた。

フランスと低地3国(ベネルクス)に対する「電撃戦」は1940年5月10日早々に発動された。前年秋のポーランド戦のときと同じく、この「稲妻のような戦い」の最初の目標は、敵の空軍を無力化することにあった。侵

シュトルプやバウムバッハらは新聞の見出しを飾り、栄光を手にしたが、その爆撃機を飛べるようにしていたのは、これら無名の英雄たち、地上勤務員だった。整備兵(着ているつなぎ服の色から、ドイツ空軍では「黒服」と通称された)にとって、どんな仕事も大きすぎることはなかった──たとえエンジン1基のまるまる換装であれ……

攻部隊の北翼で、第2航空艦隊のJu88爆撃飛行隊は、こうして彼らのすでに証明済みの急降下爆撃能力を発揮することになったが、相手は船舶ではなかった。代わりに、彼らはオランダとベルギーの飛行場を守る対空火砲陣地に対し、精密な攻撃を実行する。

オルデンブルクに基地をおく第30爆撃航空団第Ⅱ飛行隊のパイロットのなかに、23歳になるひとりの中尉がいた。やがてその力量により、爆撃機隊総監の地位にまで昇ることになるヴェルナー・バウムバッハだった。

「ノルウェーから北西ドイツの飛行場に我々が突然に移動したこと、また新聞にイギリスがオランダとベルギーへの上陸を準備しているという記事が出はじめたことは、これから何が始まろうとしているかについて、十分な手がかりを与えてくれた。

「5月9日から10日にかけての夜、決定が下された。ロッテルダム＝ハーグ＝デルフト地区にある飛行場の対空火砲陣地を攻撃し、撃滅せよとの命令である。夜陰にまぎれて準備が進められた。乗機に小型爆弾が積み込まれるのは、ずいぶん久しぶりのこと。武装整備士と地上勤務員が大車輪で働く一方、飛行士たちは少しでも睡眠をとろうと努める。

「離陸予定は0430時。

「スカパ・フローやナルヴィクに向けての最近の夜間作戦で、すっかりおなじみになった手順でことが進められる。離陸を数分後に控えて、最後の短い要旨説明。各機長にそれぞれの目標が与えられる。中隊長が最新の状況報告を読み上げる。各人の時計を合わせる。そのすぐ後に、飛行士たちを乗機に運ぶためのトラックがやってくる。

「エンジンの爆音で空気が震えている。サーチライトがごく短時間ずつ点灯されて、漆黒の闇のなかに狭い通路を切り開く。信号が上がる。飛行隊長はブレーキを緩める。隊長機が動き出すと、他の機は急いでそのあとに続こうとする。

「地面を離れる。計器盤の時計に目を走らせると、ぴったり0431時だ。

「前をゆく3機分隊は何とか見える。緊密な編隊を組んで飛ぶ。排気管からの炎が機位を保つのに役立つ。決められた高度へゆっくり上昇してゆくにつれ、あたりがすこしずつ明るくなり、暗がりのなかから1個中隊、また1個中隊と姿が現れる。はるか下空では、霧がエムスラント沼沢地を隠している。

「オランダの上空に入った──敵地だ。航法士が二、三の記録をとり、『正確にコース通りです』と告げる。私は自動操縦装置のスイッチを入れる。ビスケットをひと包み食べ、エネルギーを補給。私の左側では、『N』の中隊がゆっくり高度を上げて横に並んでくる。

「オランダの町をいくつか飛び過ぎる。対空砲火が撃ち上げられるが、はるかに低空のことなので無視する。地上の霧はやや晴れてきたが、我々自身は濃い霧の層の中を飛んでいる。翼下に次第に広がってゆくオランダの景色は輪郭が判然としない。

「すぐに目標地域上空に到着。前方には対空砲火が激しく炸裂する。『我々の』飛行場はまだ見えない。霧が濃すぎるのだ。だが霧は救い主でもある。そのとき『左と下に敵戦闘機──双胴です！』と、後方射撃手が警告の叫びをあげたからだ。私にも見える。オランダ製のコールホーフェンだ。私は右に大きく旋回し、霧の中に潜る──僚機2機も続く。

「機位が判明した。もうすぐ目標上空に達するはずだ。前方では、最初の3機

……また、小さすぎることもなかった。移動工作車からJu88に向かう彼らが手にしている道具箱の大きさから判断して、似たような規模の仕事だったろう。

　分隊が急降下に入る準備のために編隊を解きはじめる。そして我々の前方、少し横に寄ったところに、突然『我々の』飛行場が見える。飛行場の周りには砲火が絶え間なく閃き、撃ち上げられる弾幕は飛行場の上で炸裂して、空中に灰色の厚いじゅうたんを広げている。
　「電信士が『戦闘機！』と叫び、一瞬、目標から注意が逸れる。だが次にヘッドホンから聞こえてきたのは『友軍機です！』の声だ。Me109とMe110はぴたり予定通りに我々と会同し、我々の上空を守っていてくれる。爆撃手はスイッチをチェックし、『すべて解除』と報告する。目の前では小さな赤いライトが輝いている。私の親指は爆弾投下ボタンの上を行きつ戻りつする。
　「攻撃開始だ。列機2機に合図を送る。各機は限られた目標地域のなかでダイブを始めるのに最適の位置を求めて、編隊からばらばらに離れてゆく。接近するときは一緒に、攻撃は各個に、というのが今日の命令だ。
　「爆撃手と私は我々の目標をしっかりと見つめる。農家の広い庭らしい場所の真ん中にある高射砲台だ。やや盛り上がった地面の上にあって、あたりからそびえ立っている。これを潰しておかなくては、我々のあとに続く降下猟兵部隊は非常に危険な目にあうことになろう。
　「最初に投下された何発かの爆弾は、もう飛行場の南端で爆発している。奇襲効果を最大に期待して、私は北側から攻撃することに決める。深い角度で接近、ついで機首を突っ込む。視野の真ん中で、農家の庭が私に向かって突進してくる。爆弾を投下した。低空で引き起こす際、前方射手は砲座に射撃

を浴びせる。『直撃しました！』と後方射手が報告してくる。
　「我々は帰路につく。『敵戦闘機をよく見張れ！』と言ったとたん、朝の太陽のなかから1機のロッキード・ハドソンが攻撃してくる。射手たちはありたけの機銃を撃ちまくる。目隠しになる雲を捜すが——見つからない！　唯一の望みは、逆に地面すれすれまで降りることだ。敵の駆逐機はほとんど真上にいて、オランダの標識がはっきり見える。
　「相変わらず、ありたけの銃を発射しながら、我々はうまく脱出する。敵機は追跡をあきらめた。すぐにその理由がわかる——友軍のMe110に攻撃されたのだ。同時に、最初の降下猟兵たちの傘が開き、また空挺部隊を乗せたJu52の第一波がやってくるのが見える。
　「基地への帰途、友軍地上部隊の隊列がオランダのまっすぐな道路を洪水のように殺到してゆくのが見える。ドイツ軍の西への進撃が開始されたのだ」
　ここに述べられた出来事の直後に書かれたバウムバッハの報告は、敵機の識別については明らかに間違っていた。双胴の「コールホーフェン」は明らかにフォッカーG.Iだったし、またバウムバッハは最近ノルウェー上空でイギリス沿岸航空軍団のロッキード・ハドソンと遭遇して、その太った機影をたぶんよく知っていたろうとはいえ、同機はオランダ空軍には1機も就役していなかった。あらゆる可能性から考えれば、ユンカースを襲ったのは、オランダの飛行

第1教導航空団所属のJu88の左エンジンに取りかかっている整備兵たち。つぎの出動に備え、すでに爆弾が装備されている。スピナーの引っ掻き傷は、トラブルの原因と何らかの関係があるのだろうか？

場へのドイツ軍の調整攻撃を逃れて空中退避していた、双発双方向舵のフォッカーT.V爆撃機のうちの1機だった。

　ユンカース隊はよくその任務を果たし、オランダとベルギーの諸飛行場はいずれも、この西側での総力戦の初日にひどい打撃を受けた。だがJu88の飛行隊も無傷では戻れなかった。バウムバッハの部隊は第5中隊の1機をワールハーフェン上空で失ったに過ぎなかったが、第30爆撃航空団第Ⅰ飛行隊からは4機が未帰還となった。機種改変したばかりの第4爆撃航空団第9中隊は、スキポール上空で4機が撃墜された（うち3機はオランダ軍戦闘機によるものとされる）。またベルギーの目標攻撃に向かったもののなかでは、第30爆撃航空団第Ⅲ飛行隊の2機が、シャルルロワ付近で対空砲火の犠牲となった。3機目の犠牲は第1教導航空団第Ⅲ飛行隊所属機で、当初はヴェーヴェルヘムでやはり対空砲火にやられたものと思われていたが、イギリス空軍のハリケーンのために、モン付近で撃墜された第8中隊の1機がこれであったろう。

　5月10日にJu88がこうむった12機という損害は、一日の被害としては電撃戦全期を通じて最大となった。5月11日にはさらに低地3国への攻撃が続けられたが、全機が無事に帰還した。だが24時間後、オランダ沖で、ユンカース隊はイギリス本土から飛来したイギリス空軍戦闘機（デファイアント複座戦闘機を含む）と何度か出くわした。その詳細については資料により異なるが、第30

対フランス戦を生き延び、占領下のフランスの飛行場で翼を休める第51爆撃航空団「エーデルヴァイス」第3中隊の「エーミール＝ルートヴィヒ」。だが本機も1940年8月12日、ほかの9機とともに、ポーツマス攻撃から還らなかった。

第51爆撃航空団所属の1機が、フランス上空の厳しい戦いの一日をまた終えて基地に帰還し、長くのびた自機の影に向かって、緩やかに沈下してゆく。

爆撃航空団の1機が戦闘機に、もう1機が海上からの対空砲火により撃墜され、第1教導航空団第Ⅲ飛行隊の1機は軽度の損傷を受けたものの脱出できた、というのが事実のようである。

　5月14日おそく、オランダは降伏交渉を開始した。このころにはJu88飛行隊はベルギー北部へと関心を移し、地上部隊の前進を助け、沿岸の目標を攻撃していた。第30爆撃航空団第Ⅱ飛行隊が戦線から引き抜かれたのも、この重要な時期のことだった。増強された第6中隊の経験豊かな乗員たちがノルウェーに戻り、ナルヴィク周辺で戦っている一方で、同飛行隊の残りの人々は平時の基地だったペルレベルクに引き揚げた。新しい隊員たちのために、集中訓練プログラムを実行するためである。これがこの月の大部分にわたって続けられ、仕上げには、第一次大戦当時の古い戦艦「ヘッセン」（復元され、バルト海で無線操縦の標的船として使われていた）に対する模擬急降下爆撃が行われた。

　北部側面の大部分のJu88部隊の活動から遠く隔たったところで、南部の第3航空艦隊指揮下で行動する唯一のユンカース爆撃機部隊である第51爆撃航空団は、アルデンヌの森を通ってフランス深部に侵攻するドイツ軍主力攻撃部隊の援護にあたっていた。彼らの主な目標は前線背後のフランス軍交通路だった。

　彼らはすでにこうした作戦の最初のものを実施済みで、最初の犠牲も出していた。このときヘルマン・ゲーリングは第51爆撃航空団司令ヨーゼフ・カムフーバー大佐（のちに夜間戦闘機隊で名をはせることになる）に電話をかけ、隊員たちに一層の努力を求めた。5月16日の目標はナンシー南方のフランス鉄道網となっていた。元帥はここでさらに発破をかけ、いまや新しいJu88急降下爆撃機を装備したカムフーバーの第51航空団に、自分は偉業を期待していると強調した。

　出だしは不安定だったものの──雲量7のもとでの空中会同と長時間の接

第51爆撃航空団所属の1機が、またひとつ作戦目的を遂げて帰還したことを祝っているかのような光景。しかしよく見ると、ふたりの乗員の後方には切り離されたコクピット・キャノピーが転がり、また主車輪タイヤは完全にちぎれて、ハブだけで立っている。一見した印象より、実際はもっと危険な着陸だったことが明らかだ。

敵飛行は、まだユンカースでの計器飛行に習熟していない乗員たちにとって、なかなか苦しい試練だった——目標への攻撃は成功し、損失はなかった。だがカムフーバー自身は帰還飛行の途中で、あわやの体験をした。雲が厚くなり、強い突風が吹き荒れるなかで、乗機の自動操縦装置がとつぜん働かなくなってしまったのだ。ユンカースはただちに機首を下げ、大地に向けて突っ込んだ。操縦輪と格闘しながら、高度計の指針が「コマのように」くるくる回り、また対気速度計の指針が720km/h——Ju88の通常の急降下速度より160km/hも高い——にある針止めに当たって、コチンと止まってしまっているのを見たカムフーバーは、自分ももうこれまでと観念した。

だが、カムフーバーは悲鳴をあげながら急降下する乗機Ju88を、低い雲の底を突き抜けたところで何とか立て直すことに成功した。奇跡のように、彼らは深い谷間に沿って飛んでいた。両側には樹木に覆われた急斜面が迫り、頭上の空は飛ぶ雲に隠され、雨がバラバラと機体を叩いた。

戦争中の出版物に掲載されたこの写真は、質は悪いものの、Ju88（第51爆撃航空団所属）がほとんど垂直に降下中のところを示しているようだ——左翼下面のエアブレーキが開いていることに注目。

慎重に慎重を重ね、糸をたどるようにカムフーバーはレヒフェルトに帰還した。戻ってきたJu88を、人々は信じられない思いで迎えた。通常は滑らかな主翼の表面に、大きなシワが寄り集まっていたのだ。カムフーバーの不本意な急降下は、ユンカースの持ち前の頑丈さ——他の同クラスの飛行機だったなら、主翼が完全にもぎ取られていただろう——を証明しただけでなく、もうひとつの「バグ」を取り除く助けにもなった。その後のJu88には、もっと有能な自動操縦装置が取り付けられることになる。

とはいえ、どれほど機体が頑丈であっても、十分に狙いを定めた0.303インチ（7.7mm）機銃の銃弾に対抗することは無理だった。3日後、第51爆撃航空団はソワッソンとランスのあいだで前進航空攻撃部隊（AASF）のハリケーンと不規則な遭遇を繰り返し、その際、3機が撃墜された。

一方、第2航空艦隊のJu88隊は沿岸ベルトに沿って攻勢を続け、いまやベルギーだけでなく、英仏海峡に面したフランスの港をも攻撃しつつあった。これでイギリス戦闘機軍団の行動圏内にいっそう深く入ることになり、第30爆撃航空団、第1教導航空団双方とも、オーステンデ、カレー、ブーローニュの港湾施設を爆撃した際、損失機を出した。だが、そのあと2週間にわたり、ドイツ空軍の多大な関心の的となったのは、同じ短い海岸線の広がりに沿った第4の港——ダンケルクだった。

ほとんど絶え間ない爆撃が港自体に、また近隣の海岸と沖合の船舶に対して加えられたにもかかわらず、約33万人が英仏海峡を越えて、イギリスへの脱出に成功した［5月26日〜6月4日］。だが、ここにひとり、多くの人々とは反対の方角──内陸──に向かって脱出を切望していた男がいた。

ことの起こりは5月29日。第30爆撃航空団のJu88隊は、海岸沖で脱出者を待つ船舶を攻撃していた。フォン・エールハーフェン中尉が3000トン級の船を目標に選んだちょうどそのとき、対空砲火の弾丸が彼の機の左エンジンに当たった。煙を噴いて編隊から離れたJu88に、イギリス戦闘機が襲いかかった。操舵装置を撃たれ、ユンカースは大きく左に回頭しながら下降し始めた。

フォン・エールハーフェンは友軍占領地内にたどり着く望みを捨てなくてはならなかった。代わりに、彼は損傷したユンカースをニューポールトの海岸から25mほど沖の海に着水させることにした。着水寸前に航法士がキャノピーを投棄していたので、乗員は速やかに機から脱出に成功し、物陰に隠れて、様子を見に来る敵兵を待った。だが敵兵は、Ju88のアンテナ柱先端だけが海面上に出ているのを見ると、すぐに興味を失って立ち去った。

乗員たちは二組に分かれて別々に隠れ、ドイツ軍の到着を待つことに決めた。やがてフォン・エールハーフェンと機銃手の曹長は、ニューポールトの壊れた家の地下室にいるところを敵に見つかってしまい、海岸に沿って、ダンケルク近くの脱出用砂浜まで歩かされた。そこには、トラックを海中に乗り入れた上に厚い板を渡した間に合わせの桟橋がいくつか造ってあった。

イギリスに連れて行かれることになったフォン・エールハーフェンが、人が押し合いへし合いしているこの不安定な通路の上を護送されていたそのとき、また爆撃が始まった。混乱に乗じて、中尉は海中に飛び込み、急いで1台のトラックの下に身を隠した。

そこに彼は以後36時間にわたって潜んでいた。満潮のたびに油の浮いた海水があごまで上がってき、頭上わずか数インチのところでは絶えず足音がして

うやうやしく飛行服を脱ぐ第30爆撃航空団第Ⅰ飛行隊の乗員たち。この写真で興味深いことがふたつある。第一は、1940年初夏の撮影とされているのに、このJu88の下面には一時的な夜間迷彩が施されていること（原写真では、排気管の下の水性塗料を引っ掻いて、逆向きのカギ十字が描いてあるのがわかる!）。第二に、機首には「舞い降りる鷲」の飛行隊マーク、エンジンナセルには「チェンバレンの雨傘」と、二通りのマーキングを描いていることである。

いた。砂浜がかなり静かになったとき、ようやく彼は水から上がった。捨てられてあたりに散乱しているイギリス軍装備品の山から、フォン・エールハーフェンは軍用オーバーとヘルメットを手に入れ、海岸後方の砂丘に大急ぎで掘られた、あばたのようなタコつぼのひとつに隠れた。ひどく空腹だったが、これは問題なかった。イギリス海外派遣軍はその糧食もほとんど捨てて行ったのだ。イギリス人の主要な食物である牛肉の缶詰が、「赤い花を散らしたように」砂丘に散らばっていた。

　少人数のフランス軍後衛部隊が何度か現れて、一緒にダンケルクの町まで歩いて行って降伏を待とうと誘ったが、フォン・エールハーフェンは丁重に辞退し、その場を動かなかった。彼の4日間にわたる冒険は、砂丘をぬって用心深く進んでくるふたりのドイツ歩兵の出現により、ようやく終わりを告げた。イギリス軍用オーバーを早く脱ぎ捨てて、その下の油と塩に汚れたドイツ空軍制服を見せようともがきながら、興奮も露わに走り寄ってくる人影を、このドイツ兵たちが最初どう思ったかは記録されていない。だが、フォン・エールハーフェンの同僚パイロットたちが言ったように、彼のような名前——文字どおり、「油の港から」を意味する——をもつ人間以外に、こんなことはめったに起こりはしなかったろう！

　連合軍のダンケルク脱出は、西部戦線における「電撃戦」の第一幕の終わりをもたらした。だが、ソンム川のむこうに集結しているフランス陸軍の大部分を打ち破る必要が、まだ残っていた。もはや奇襲という要素は存在しなかったが、ドイツ空軍はその攻勢の第二幕を、敵の航空基地を叩くという習慣的なやり方で開始した。

　実のところ、6月3日に発動された「パウラ」作戦は、もっと的の広いものだっ

太陽の暑熱が画面から伝わってくるような、この爆弾を積んだ第1教導航空団所属のA-5の写真が、どの季節に撮影されたかは、ほとんど疑問の余地がない。タイヤにかけられた防暑カバーがその証拠になろう——それとも右の、半分裸の人物だろうか？

た。その目的は単にフランスの飛行場群に止まらず、大パリ地区内の飛行機製作工場や、その他の産業コンビナートを破壊することにあった。攻撃部隊の一翼を担う第4爆撃航空団(KG4)には、ル・ブールジェが目標に割り当てられた。彼らは初めて「フラム(Flamm)」C250焼夷爆弾を投下することになった。この油脂を充填した爆弾——これと同種の爆弾は、間もなくイギリスの何千という都市の上にばら撒かれることになる——は当時まだ出来たばかりだったため、離陸の直前に、その弾道特性をレヒリンの実験センターから電話で伝えてやらなくてはならなかった。

フランス軍が南方へ、また西へ、川を控えた防御線をひとつ、またひとつと後退させて退却してゆく間、ドイツ空軍の爆撃は容赦なく続けられた。6月5日には第1教導航空団第Ⅲ飛行隊のJu88のうち3機が、ルーアン付近のセーヌ川上空への出撃から未帰還となった。さらに南方では第4爆撃航空団第Ⅲ飛行隊も、オルレアンとトゥールの間のロワール渓谷に沿って退却してゆく連合軍地上部隊を攻撃中に、ユンカース数機を対空砲火で失った。

6月15日、第4爆撃航空団第Ⅲ飛行隊はこの戦いでのJu88の最後の犠牲を出した。この日には第30爆撃航空団第Ⅱ飛行隊も、本国から久しぶりに西部戦線に復帰してきた。バルト海で老朽艦「ヘッセン」を相手に磨きあげた急降下爆撃の腕前をただちに実戦で発揮すべく、彼らはシェルブール港の船舶とドック施設を攻撃することになった。

この「アドラー」航空団のユンカース隊は、ベルギーに設けた彼らの新基地ル・キュロから飛び立ち、燃料補給のためアミアンに着陸した。ついでル・アーヴルから英仏海峡の上に出て、海側から目標に接近した。この戦術は明らかに成功し、フランスで最も重要な海軍基地へのこの攻撃から、全機が無事に帰還した。だが次の日、彼らの二度目の作戦出動ではそうは行かなかった。シェール川とロワール川がトゥールで合流するところにかかる橋への攻撃で、第5中隊に属する2機がフランス軍対空砲火の犠牲となった。

さらにその翌日、6月17日、第30爆撃航空団第Ⅱ飛行隊はふたたび船舶に関心を戻した。すなわち、ロワール川河口のサン・ナゼール港外に集結している、ありとあらゆる大きさの脱出船である。そのなかで最大の船のひとつは、1万6243トンのキュナード・ホワイト・スター汽船「ランカストリア」で、このとき

これも第1教導航空団のJu88A-5が、「ドイツの某所」(西部での電撃戦の開始時、この航空団はデュッセルドルフにいた)の恒久基地で羅針盤を調整中のところ。だが、こうしたのんびりした日々はすぐに過去のものとなる……

は軍隊輸送に使われていた。この日は他のJu88飛行隊も目標地区で戦っていたため、「ランカストリア」に調整攻撃を加えて沈めたのが、どの部隊だったかは未だに明らかでない。

ともかく、これは第二次大戦を通じて最も犠牲者が多く、最も説明がつきにくく、また最も秘密にされた海難のひとつだった。犠牲が多かったというわけは、乗船していたイギリス陸軍および空軍将兵、およびフランス人亡命者たち約5000人のうち、ほぼ半数が命を落としたからであり、なぜ説明困難かといえば、彼らが死んだのは静かな夏の日、他の船も多数停泊していた錨地でのことだったからである。

対空砲火は激しく、加えてフランス軍のモラヌ戦闘機も出現したが、第30爆撃航空団第II飛行隊のユンカースは全機が基地に戻った。ただ1機だけは7.5mm機銃弾70発余りを浴びて孔だらけになり、着陸装置は破壊され、爆弾投下器も電動式および機械式の双方とも損傷を受けたため、爆弾が投下できていなかった。だが操縦士ゲフゲン軍曹は乗機を引き起こし、完璧な胴体着陸に成功した——それも主翼下に吊ったままの4発の250kg爆弾を「そり」に使って、である！

6月18日、ドイツ空軍は、ベネルクスおよびフランスへの侵攻戦でJu88がこうむった損失（総計約80機）の最後のものとなる2機を失った。1機は第1教導航空団第9中隊所属機で、ブレストで墜落した。もう1機は第51爆撃航空団第I飛行隊のものだった。この時期の大部分を通じて、第51爆撃航空団は機種改変の途中で、電撃戦開始時にHe111を使用していた各中隊は、少数ずつ交代でドイツに戻ってJu88に転換していた。

第51爆撃航空団が訓練中に事故で多数の機体を失ったことは、彼らの総損耗率を大きく押し上げた。恐らく驚くに当たらないことだが、その数字は当時、西部戦線で戦っている全Ju88部隊のなかでも最悪のものに属していた。戦いはもはや長く続くことはない運命にあった。フランスのペタン元帥が、すでに休戦を申し出ていたからである。6月18日、第51爆撃航空団第I飛行隊の最初の1機が、パリ＝オルリーに車輪を着けた。2日後には同航空団の残りの機体も、パリに近接する他の諸飛行場に進駐してきた。乗員たちは、フランスの首都に近い地の利を早速に生かした。だが、彼らには「ピガル」の踊り子たちとの交際や、モンマルトルのトップレス・レビュー・バーを楽しんでいる時間をほとんど得られなかったであろう。

なぜならば、英仏海峡のかなたから、イギリス首相ウィンストン・チャーチルは挑戦的な宣言を行っていたからである。「フランスの戦いは終わった。いまや、イギリスの戦いが始まろうとしている」と。

［チャーチルのこの言葉は、フランスが休戦を申し出た翌日の1940年6月18日、イギリス議会下院で行ったスピーチのなかにある。このスピーチはラジオで全国民に放送されたが、とりわけ『彼らが最も輝いた時(their finest hour)』というその結びの言葉は、雄弁で知られたチャーチルの数多い名句のなかでも、最も有名なものとなる］

……占領されたフランスに第1教導航空団が進駐すると、周囲の状況は徹底して簡素なものとなった。写真は、前進着陸場に使われている牧草地に壕を掘る、飛行場作業中隊（Flughafenbetriebskompanie＝FBK）の兵士たち。飛行機整備だけを受け持つ「黒服」たちと異なり、FBK隊員たちは明るい色の作業服を着ている。

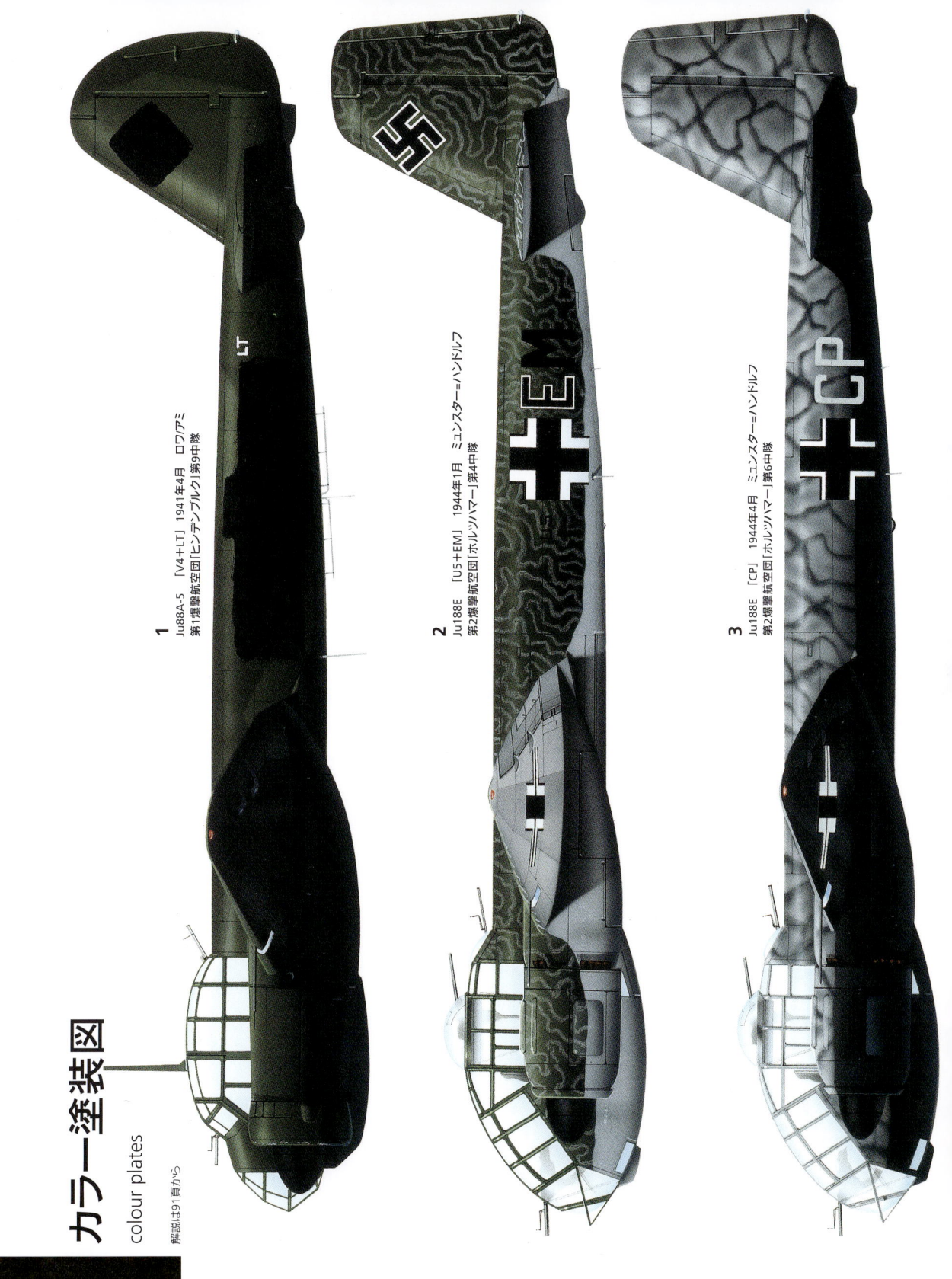

カラー塗装図
colour plates
解説は91頁から

1
Ju88A-5 [V4+LT] 1941年4月 ロワノエ
第1爆撃航空団「ヒンデンブルク」第9中隊

2
Ju188E [U5+EM] 1944年1月 ミュンスター＝ハンドルフ
第2爆撃航空団「ホルツハマー」第4中隊

3
Ju188E [CP] 1944年4月 ミュンスター＝ハンドルフ
第2爆撃航空団「ホルツハマー」第6中隊

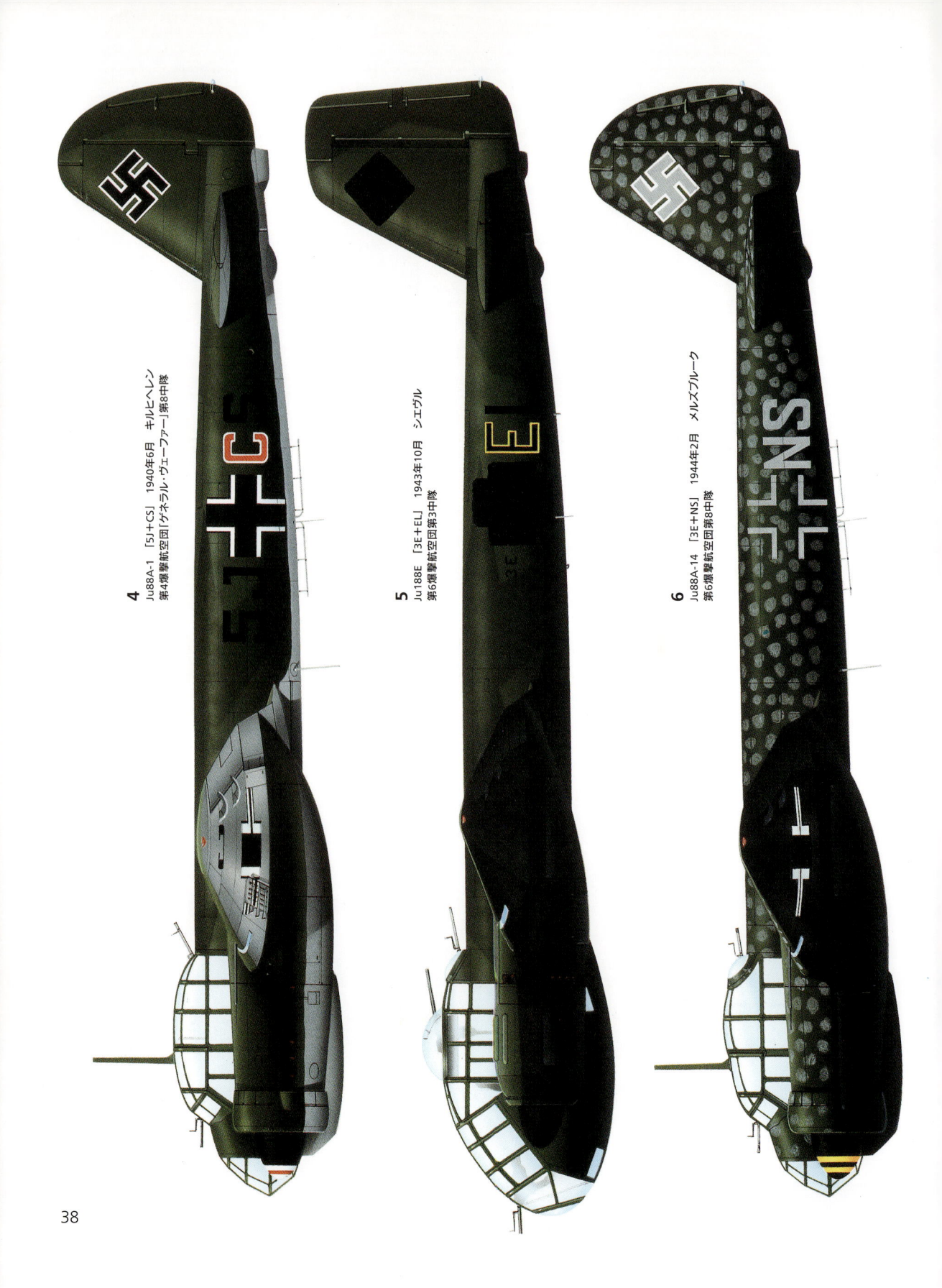

4
Ju88A-1 ［5J+CS］ 1940年6月 キルヒヘレン
第4爆撃航空団「ゲネラル・ヴェーファー」第8中隊

5
Ju188E ［3E+EL］ 1943年10月 シエヴル
第6爆撃航空団第3中隊

6
Ju88A-14 ［3E+NS］ 1944年2月 メルスブルーク
第6爆撃航空団第8中隊

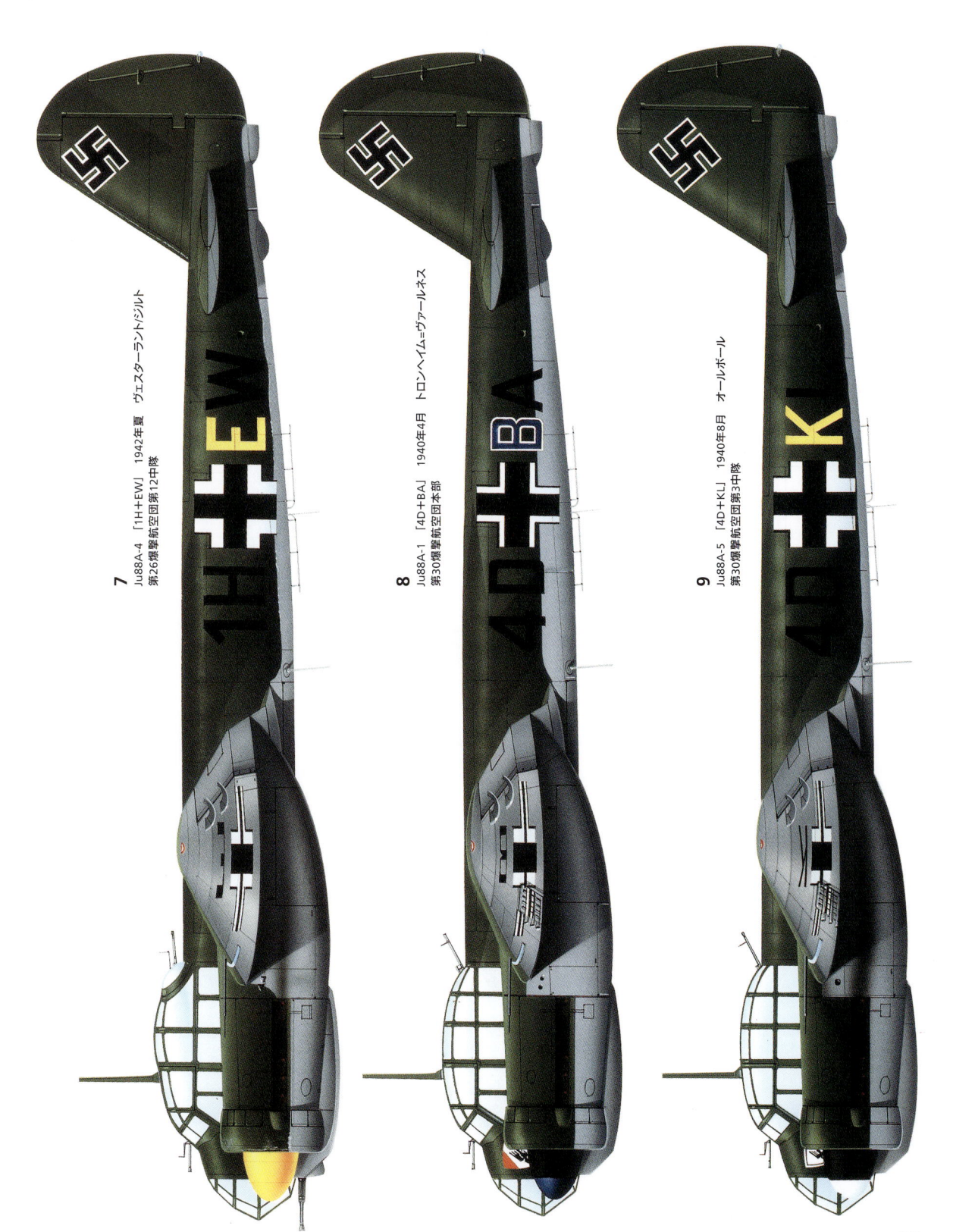

7
Ju88A-4 [1H+EW] 1942年夏 ヴェスターラント/ジルト
第26爆撃航空団第12中隊

8
Ju88A-1 [4D+BA] 1940年4月 トロンヘイム=ヴァールネス
第30爆撃航空団本部

9
Ju88A-5 [4D+KL] 1940年8月 オールボール
第30爆撃航空団第3中隊

10
Ju88A [4D＋AD] 1940年9月 アイントホーフェン
第30爆撃航空団第Ⅲ飛行隊本部

11
Ju88A [4D＋GM] 1943年3月 リスター
第30爆撃航空団第4中隊

12
Ju88A-1 [9K＋AB] 1940年8月 ムランニヴィラロシュ
第51爆撃航空団[エーデルヴァイス]第Ⅰ飛行隊本部

13
Ju88A-1 ［9K＋GR］ 1940年11月 ブレティニー
第51爆撃航空団［エーデルヴァイス］第7中隊

14
Ju88A-1 ［9K＋EH］ 1940～1941年冬 ムランーヴィラロシュ
第51爆撃航空団［エーデルヴァイス］第1中隊

15
Ju88A-1 ［B3＋EH］ 1940年8月 エヴルー
第54爆撃航空団［トーテンコプフ］第1中隊

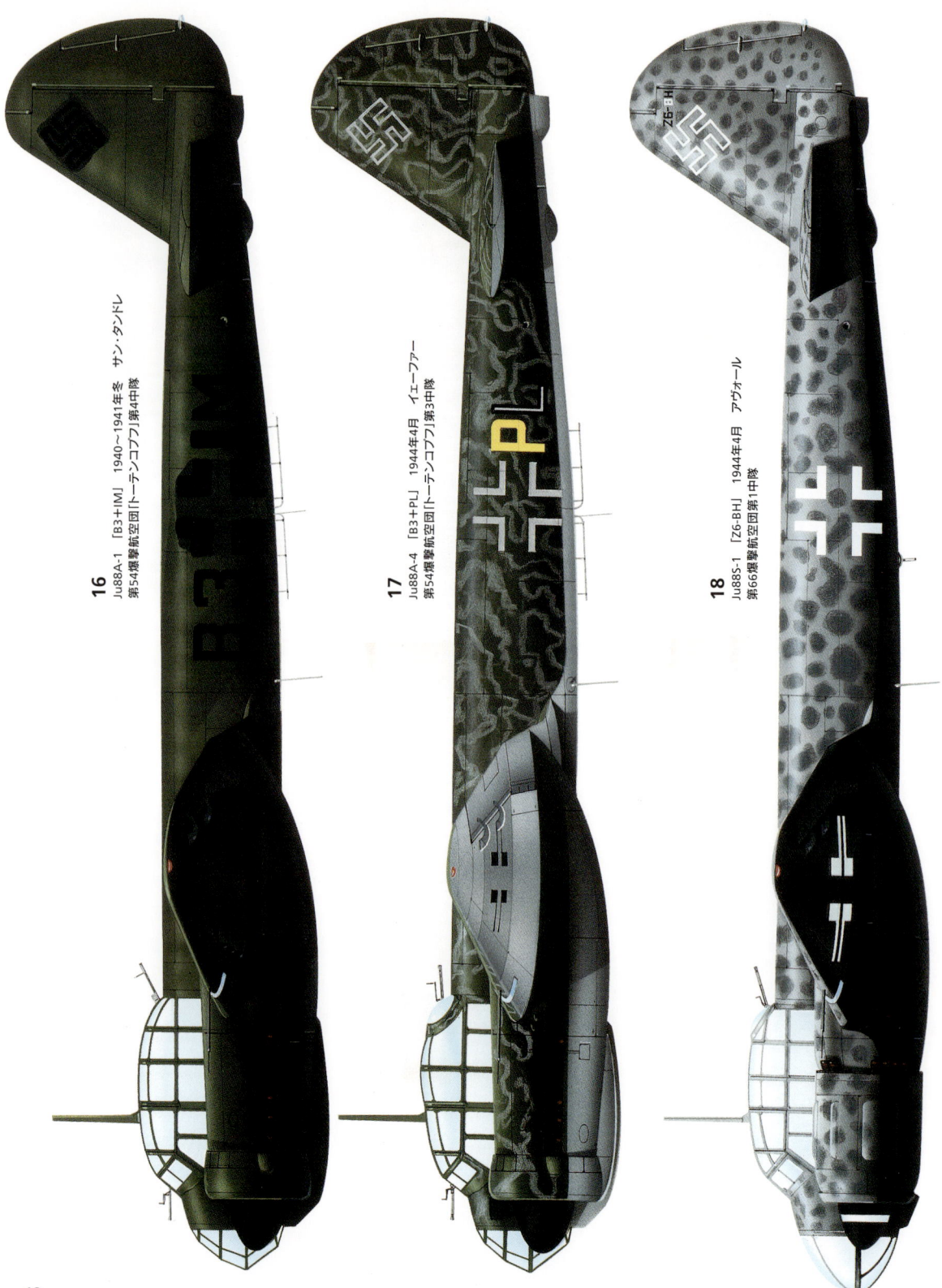

16
Ju88A-1［B3+IM］1940～1941年冬　サン・タンドレ
第54爆撃航空団［トーテンコプフ］第4中隊

17
Ju88A-4［B3+PL］1944年4月　イェーファー
第54爆撃航空団［トーテンコプフ］第3中隊

18
Ju88S-1［Z6-BH］1944年4月　アヴォール
第66爆撃航空団第1中隊

19
Ju188E [Z6+LH] 1944年7月 モンディディエ
第66爆撃航空団第1中隊

20
Ju88S-3 [Z6+FH] 1944年12月 デーデスドルフ
第66爆撃航空団第1中隊

21
Ju88A-5 [F1+BD] 1941年2月 イルレスハイム
第76爆撃航空団第III飛行隊本部

22
Ju88A-5 [F1+BR] 1941年4月 スーステルベルヒ
第76爆撃航空団第7中隊

23
Ju88A-5 [F1+GS] 1941年4月 スーステルベルヒ
第76爆撃航空団第8中隊

24
Ju88A-1 [3Z+BB] 1940年10月 ラン=ディエ
第77爆撃航空団第I飛行隊本部

25
Ju88A-1 ［3Z+KN］ 1940年9月 ランニアディエ
第77爆撃航空団第5中隊

26
Ju88A-5 ［L1+XB］ 1941年1月 オルレアン=ブリシー
第1教導航空団第Ⅰ飛行隊本部

27
Ju88A-1 ［L1+AL］ 1940年8月 オルレアン=ブリシー
第1教導航空団第3中隊

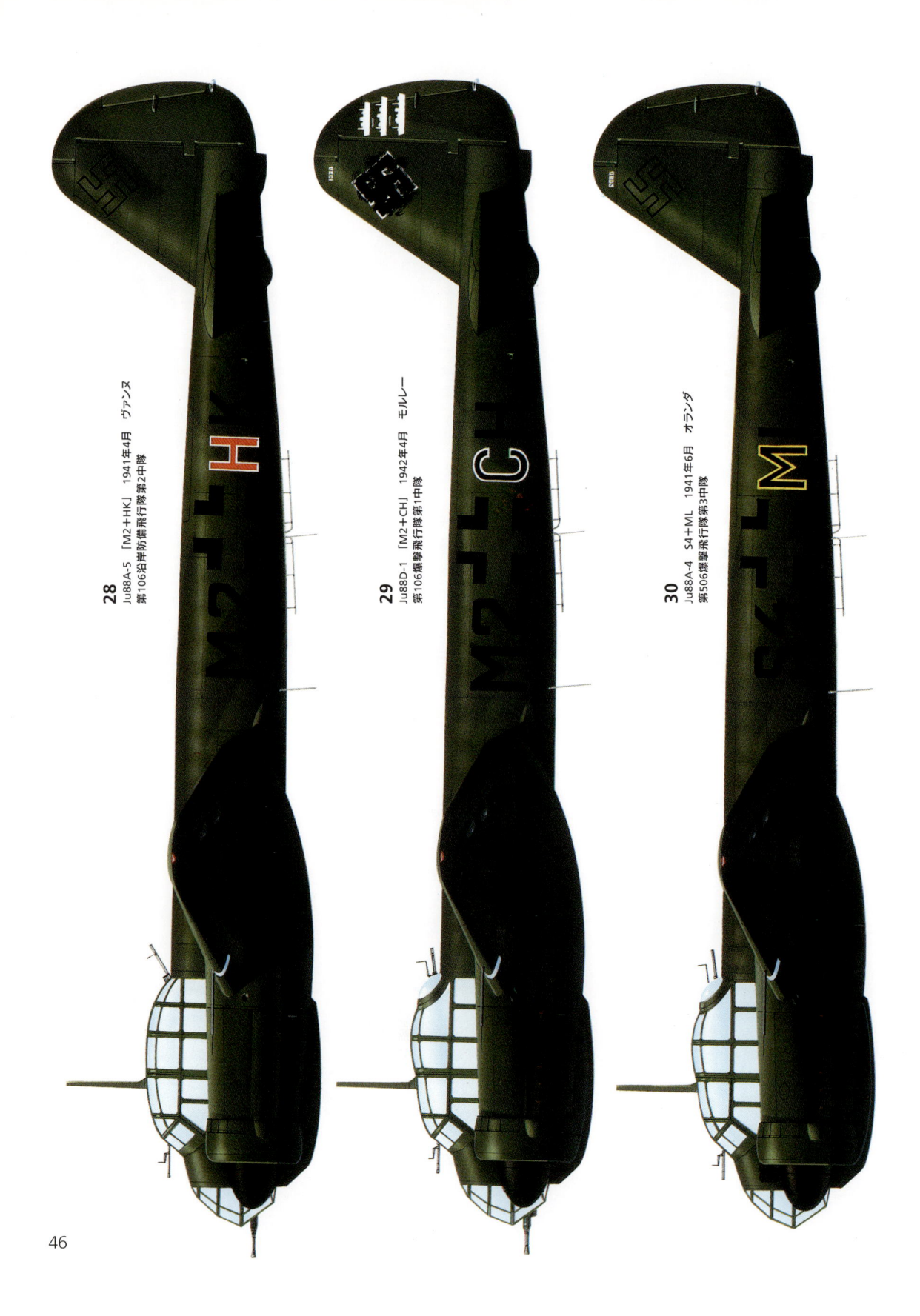

28
Ju88A-5 [M2+HK] 1941年4月 ヴァンヌ
第106沿岸防備飛行隊第2中隊

29
Ju88D-1 [M2+CH] 1942年4月 モルレー
第106爆撃飛行隊第1中隊

30
Ju88A-4 S4+ML 1941年6月 オランダ
第506爆撃飛行隊第3中隊

chapter 2

1940-43──試練の炎
trial by fire

　多くのドイツ側資料は、1940年6月23日の日曜日をもって、ドイツ空軍が「イギリス本土空襲(ルフトシュラハト・ウム・エングラント)」を開始した日と述べている。一部イギリス人歴史家がいささか恣意的に、イギリスへの空の戦いが始まった日としている7月1日より、これは1週間も早い。だが実のところ、最初の実質的な空襲はさらに早い時期に行われていた。

　それは第51爆撃航空団第I飛行隊のJu88がパリ=オルリーに進駐してから数時間後、6月18日から19日にかけての夜のことだった。第4爆撃航空団のHe111を含む約70機ほどのドイツ空軍爆撃機隊が、北海を越えてイングランド東部地方を攻撃したのである。

　このように、少数の不運な人々は、いささかの苦痛を伴いながらも、フランス爆撃からほとんど休む間もなく、イギリス爆撃への移行を体験した（第4爆撃航空団のハインケル5機が、この攻撃から還らなかった）。だが最前まで対フランス戦に参加していた大多数の空軍部隊が、ひとつ残った敵国に注意を振り向けるまでには、数週間とまでは行かずとも、少なくとも数日の時間の余裕があった。

　この点では、Ju88の飛行隊は他の多くの部隊より恵まれていた。計画中のイギリス侵攻の第1ラウンドに、彼らは直接には参加しない予定だったからである。計画では、まずイギリスの船舶に英仏海峡を通れなくさせ、その任務は主として単発のJu87急降下爆撃機に任されることになっていた（詳細については本シリーズ「ユンカースJu87シュトゥーカ 1937-1941 急降下爆撃航空団の戦歴」第三章を参照のこと）。

　一方、空軍はJu88爆撃機隊の増強を続けた。まだハインケルを使っていた第4爆撃航空団第III飛行隊の乗員たちは、フランスが休戦に調印した翌日からユンカースへの転換を開始していたし、第51爆撃航空団と第1教導航空団第Iから第III飛行隊も、フランスでの戦いが終わったことで、Ju88に完全に機種改変する機会が得られた。

　ほかにも4個の飛行隊が同様の機種改変の途中だった。そのうちの第54爆撃航空団第I、第II飛行隊は、敵軍がダンケルクから脱出したあと、生き残ったHe111をユンカースに交

イギリス本土航空戦が始まるときには、第54爆撃航空団「トーテンコプフ」を含む、いくつかの部隊が新しくJu88で装備されていた。これは第3中隊に所属する「エーミール=ルートヴィヒ」で、航空団名にちなんだドクロのマークが描かれている。

軽量飛行服と膨張式救命胴衣を身につけたヴェルナー・バウムバッハが、500kg爆弾2発を装備した乗機Ju88A-4の前で、物思わしげなポーズをとる。

換するため、前線から下げられていた。この航空団は電撃戦の初期段階で大きな損害を出し、第Ⅲ飛行隊を解隊して、他の飛行隊の不足機数を埋め合わせたほどだった。

6月から7月にかけて、第76爆撃航空団第Ⅱ飛行隊（Ⅱ./KG76）と、独立部隊である第806爆撃飛行隊（Kampfgruppe 806）もユンカースに装備替えを行った。前者は、ドルニエDo17からJu88に転換する初めての飛行隊となった。また後者は元来、海軍の沿岸防備飛行隊（Küstenfliegergruppen）のひとつで、開戦当初の数週間は飛行艇を飛ばせていた。やがてHe111を受領して陸上部隊となり、爆撃飛行隊と改称されたが、士官たちの多くは依然、海軍軍人だった。第806爆撃飛行隊は、この種の爆撃飛行隊のなかでユンカースに改変する最初の部隊に選ばれたのである。

■ 1940年7月
July 1940

だが、「イギリス本土航空戦」に入って最初にJu88の損失を出す運命となったのは、「古株」の第30爆撃航空団だった。ところも、かつて彼らが通い慣れたスコットランド東岸の空。1940年7月3日、デンマークの基地を飛び立ち、アバディーン方面へ威力偵察に向かった第8中隊所属の3機が還らなかった。そのうち少なくとも2機は、年来の敵、第603飛行隊のスピットファイアの犠牲となったものだった。

この月の残りの日々を、ユンカース隊はスコットランドからウェールズに至る

1940年7月25日、第51爆撃航空団第5中隊の「9K＋GN」はハックルコートのグロスター航空機工場を攻撃に向かう途中、サウス・サーニー飛行場のすぐ近くでイギリス空軍第5訓練飛行隊のマイルズ・マスター練習機（G・H・ベル軍曹搭乗）と空中衝突し、このグロスターシャーの丘の中腹に墜落した。乗員4人は空中で脱出したが、ひとりはパラシュートが開かず墜死、3人が助かって捕虜となった。

離陸すると、Ju88の主車輪は90度向きを変え［飛行方向に対して平行から直角になる］、エンジンナセル内に平らに引き込まれる。この機のパイロットはちょうど「脚上げ」操作を行ったところで、右車輪はすでに回転を始めている。

イギリスの海岸沿いの町と防備の偵察を主な任務として過ごした。これらは少数機で実施され、損失も相応に少なかったが、その中にはふたつの新しい飛行隊の所属機も含まれていた。7月16日、第54爆撃航空団第Ⅱ飛行隊は初めてJu88を戦闘により失った。第6中隊の「グスタフ＝パウラ」が、ワイト島南端沖でイギリス第601飛行隊のハリケーンに撃墜されたのだ。第76爆撃航空団第Ⅱ飛行隊の最初の実戦損失機も、イギリス第145飛行隊のハリケーンとの遭遇によるもので、7月29日、サセックス海岸沖でのことだった。

　この早い時期に、あえて内陸部への出撃を敢行したのは第51爆撃航空団で、その分、より予測しがたい危険とも戦わなくてはならなかった。7月25日の午後、ハックルコートのグロスター航空機製作所を攻撃する命令を受けた第Ⅱ飛行隊のうち1機は、マイルズ・マスター練習機と空中衝突する羽目になり、シシター近くに墜落した。7月28日の早朝、さらに内陸に入った鉄道交通の要衝、クルーへ出撃した同航空団第Ⅰ飛行隊の1機は方角がわからなくなり、燃料を使い果たしてサセックスに不時着した。

　ユンカース隊の損耗率の低さは、イギリス側の防御の手薄さの反映というより、この飛行機の持ち前の高速力と運動性能によるものだった。イギリス本土航空戦全期を通じて、これに参加したドイツ空軍双発爆撃機3種のうち、Ju88の各出撃あたりの損失はHe111、Do17のいずれと比べても、つねにはるかに少なかった。イギリス空軍戦闘機軍団のパイ

ドイツ空軍の部隊マークについては過去、多くの資料が出版されてきたが、まだ識別されていないものもある。この哀れなJu88に描かれているマークもそのひとつで、ルーン文字（たぶん赤）の上に、何やら黒で書いてあるが、読みとれない。

これも基地へ帰還の際、トラブルに遭遇したJu88。左エンジンのプロペラが折れていることから、主脚の故障と思われる。だが見たところ平然とした様子の乗員は、古くからの金言、「乗機から降りることができれば、それはすべてよい着陸だ」を証明しているようだ。

戦争末期に撮影されたハヨー・ヘルマン大佐。緒戦期には第30爆撃航空団第Ⅲ飛行隊に属し、作戦出動320回という、部隊でも最高のパイロットのひとりだったが、今日では夜間戦闘法「ヴィルデ・ザウ」の創始者として最もよく知られている。1945年にソ連に捕らえられ、10年以上を虜囚として過ごした。

ロットたちもまた、3種のうちでユンカースは最も撃墜しにくいと認めており、彼らの最善の努力にもかかわらず、イギリス本土上空で撃墜を報告されるJu88の数は連日、頑として低いままだった。

　7月から10月までの4カ月間を通じて、Ju88の損失が日に3機を上回ったのは、わずか10日のことに過ぎなかった。損失が出ても、たいていは1機だけだった。Ju88の損失が一日に10機を超えたのは4回だけで、そのほとんどは特異な状況の下で起きていた。

　7月を通じて、ヨーロッパ大陸で訓練中の事故や墜落、また作動不良などの理由で廃機処分となった飛行機の数が、敵と直接戦闘して失われた20機余りを上回ったことは、反省に価する事実だった。1940年の夏、Ju88の乗員たちにとっては、ひとたび彼らが乗機に習熟したならば、彼らの最も安全な場所は南部イングランドをヒットエンドラン攻撃しているときとすらいえなくもなかった。だが、そのあたりを第30爆撃航空団第7中隊長ハヨー・ヘルマン大尉の例で見てみよう。

　7月22日夜、大尉はプリマス港へ機雷を敷設するための出撃を先導していた。浅い角度で低速降下中、彼はうっかり阻塞気球の上に乗り上げてしまった！　この太った燃えやすいお供を腹の下に抱え込んで数秒後、Ju88は裏返しになった。ヘルマンはキャノピーの天井を投棄し、まさに乗員に脱出を命じようとしたそのとき、海面のすぐ上で操縦の自由を取り戻すことに成功した。

防御側が揚げる阻塞気球の危険に対処するため、多くのJu88A-5が気球係留ケーブル切断用に、この扱いにくいフェンダー[カッター]を取り付け、A-6と改称された。だが重量と空気抵抗の増加により、敵戦闘機に襲われるときわめてもろかった。ただちに前線から引き下げられ、ほとんどはフェンダーを取り外し、通常の爆撃任務に復帰した……

……この機体もそのひとつで、草地の飛行場の軟らかい地面に車輪をとられて動けなくなっている。以前の任務を示す手がかりは、フェンダーの取り付けポイントの小さなフェアリングが、機首先端透明部の直後に見えるだけである。

　機雷を捨て、対空砲火の挟撃を浴びながら、ヘルマンはプリマス海峡を全速で脱出し、機内に吹き込む風に吹かれつつ、ドイツへの長い帰路についた。そして後年、「ヴィルデ・ザウ」[Wilde Sau＝荒くれイノシシ]の異名で知られる夜間戦闘機部隊の発案者、かつ指揮官として、その名を謳われることになる（詳細については本シリーズ第16巻「第二次大戦のドイツ夜間戦闘機エース」を参照のこと）。

1940年8月
August 1940

　Ju88飛行隊にとって8月最初の週は、1機が遠くカンバーランドとデヴォンへの出撃から未帰還となったものの、わりあい平穏に終わった。しかし、イギリス戦闘機軍団の飛行場群に壊滅的打撃を与えるべく計画された「鷲の日」[アドラータークの日][8月13日]に先立つ48時間のうちに、ユンカース隊はこの戦いが始まって以来、最初の大きな損害を喫する運命にあった。

　8月11日、第54爆撃航空団はJu88に機種改変してから初めての大規模な出撃を行った。目標は「ポートランド港の港湾施設、燃料貯蔵所、魚雷庫、および港内の船舶」だった。38機が攻撃に参加し、最初の機体は1035時にエヴルーを離陸した。途中で、第27爆撃航空団（KG27）の20機のHe111が編隊に加

わった。計100機を超えるBf109とBf110も護衛として同行し、これはイギリスに対する、それまでで最大規模の空襲となった。

　レーダーで事前にこれを知ったイギリス空軍は大挙してこれに当たることにし、8個の戦闘飛行隊を攻撃隊に向けて送った。ウェイマス湾の上空、所狭しと格闘戦が繰り広げられているあいだに、爆撃隊は目標を襲った。ユンカース隊は指示された目標の少なくともひとつに命中弾を与えた。燃料貯蔵所に急降下爆撃を加えて、タンク2基を炎上させたのである。恐らくは乗員の経験

干し草の梱包を積み上げ、偽装を施した爆風避け囲いのなかで「トーテンコプフ」航空団所属機が整備を受ける。

第54爆撃航空団第Ⅱ飛行隊本部は8月11日の空襲で3機を失った。これはそのひとつ「B3+DC」で、ポートランド・ヘッドに不時着し、イギリス兵に護衛されている。

第51爆撃航空団機のクローズアップ。部隊マークの「エーデルヴァイス」はていねいな手描きで、戦争全期にわたり使用された。航空団が終焉を迎えたとき所有していたMe262ジェット機にも、このマークは縮小された形で依然描かれていた。

写された日付[13.7.40＝1940年7月13日]には疑問があるが（複数の資料によると、これは本来「13.8.40」、すなわち「鷲の日」当日の第54爆撃航空団の行動予定表の日付部分を修整したものらしい）、この写真から「トーテンコプフ」航空団が、主力をなす36機のJu88に加えて、自前の空海協同救助のためにHe111を運用していたことがわかり、興味深い。

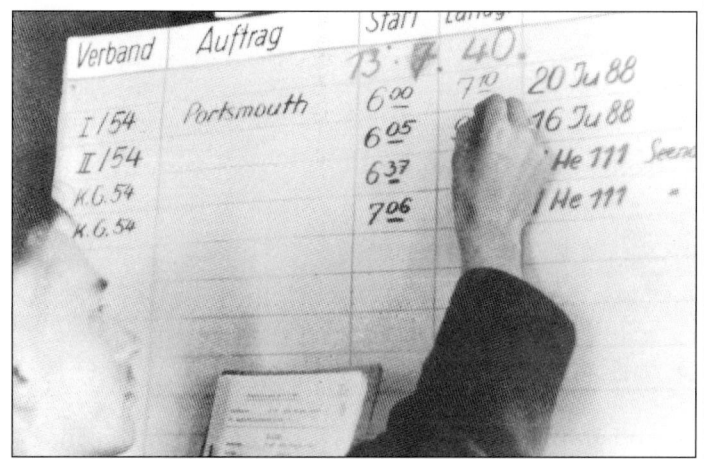

8月13日の「鷲の日」作戦で、第54爆撃航空団はフランスに帰還の際、5機が不時着、または胴体着陸した。写真の機体がその1機かどうかは不明。胴体の破孔が戦闘の痕跡をまざまざと示す。だが国家労働隊（RAD）員たちは、右エンジンのプロペラに巻き込まれた何物かに興味をひかれている。

不足のせいと思われるが、この攻撃はJu88の損害がハインケルのそれを上回った珍しい一例となった。ハインケルの被撃墜は1機だけだったのに、ユンカースは5機が未帰還となり、そのなかには第54爆撃航空団第Ⅱ飛行隊本部の

3機全部も含まれていた。

　それを経験不足と責めることは、第51爆撃航空団にはとうていできなかった。24時間後、ポーツマス港とワイト島の2正面への攻撃で、彼らはそれ以上の被害を出したのだ。ドイツ空軍はさらに攻勢を強め、第51爆撃航空団の空襲には3つの飛行隊全部が総力をあげ、90機のJu88が出動し、150機近い戦闘機が護衛についた。

　だが、イギリス戦闘機軍団は前日のポートランド空襲から教訓を学んでいた。今度は、彼らは護衛戦闘機をできるだけ無視し、代わりに爆撃機に視線を集中した。第51爆撃航空団の支払った代償は大きかった。12機が失われ、そのなかには航空団司令ドクター・ヨーハン・フォルクマール・フィッサー大佐機も入っていた。大佐は20機を率いて本隊から別れ、ワイト島ヴェントナーにあるレーダー基地攻撃に向かったのだった。

　これと対照的に、「鷲の日」当日である8月13日には、Ju88飛行隊はいくらか容易に脱出できた。早朝に行われたオーディアムおよびファーンバラへの空襲では、第54爆撃航空団第I、第II飛行隊はそれぞれ2機を失っただけで（損傷を受けた機体はもっと多かったが）、また午後のアンドーヴァー空襲で第1教導航空団第III飛行隊が失ったユンカースも2機だった。24時間後、夕方、ミドル・ウォロップへのヒットエンドラン攻撃では、今度は第1教導航空団第I飛行隊が2機のJu88を失った。2機とも、イギリス第92飛行隊のエース、ロバート・スタンフォード・タック大尉のスピットファイアに5分間のうちに撃墜されたと伝えられる。

　翌8月15日夕方、第1教導航空団はさらに大兵力を同じ戦区の敵基地に送った。ユンカース30機はふたたびミドル・ウォロップを攻撃し、同数がワージー・ダウンを襲った。迎え撃った戦闘機の前に、8機もの爆撃機が犠牲となった。だが、8月15日にドイツ空軍が失ったJu88はこれだけではなかった。この日は、イギリス本土攻撃に参加している3個の航空艦隊すべてが合同した大空襲が実行されたのだが、その中にはスカンジナビアに基地を置く第5航空艦隊も加わっていた。

　午後の早い時間に、北海を横断して北東イングランドの飛行場群を攻撃することで、戦闘機軍団の防御網の背後を衝こうとした、この最初の――そして最後の――本格的な企ては成功しなかった。第5航空艦隊は爆撃隊を二手に分けて送った。北方へはニューカッスル・アポン・タインを目標に、駆逐機1個飛行隊に護衛された第26爆撃航空団のHe111が向かった（詳細は本シリーズ第14巻「第二次大戦のメッサーシュミットBf110エース」参照）。もっと南の目標、ヨークシャーのチャーチ・フェントンとレコンフィールドの戦闘機基地へは、第30爆撃航空団のユンカース約50機――爆撃機とJu88C重戦闘機の混成部隊――が送られた。

　またしても、ドイツ空軍の情報は誤っていた。北イングランドの戦闘機隊は、南方で行われている戦いを支えるために引き抜かれて、ほとんど居なくなっていると彼らは確信していたが、間違いだった。フランバラ・ヘッドまで、まだあと10マイル（16km）ほど手前の海上で、Ju88隊は突然、イギリス第616飛行隊のスピットファイア12機に飛びかかられたのだ。スピットファイアの後ろ盾には第73飛行隊のハリケーン1個小隊もついていた（詳細は「Osprey Aircraft of the Aces 18――Hurricane Aces 1939-40」を参照のこと）。

　このユンカース隊の乗員のひとりによる手記が、のちにドイツ空軍年報に掲

載されている。

「視界はひどく悪化していて、空と海が溶け合って水平線が見えなかった。霧は深かったものの、いつ眼下にイギリスの海岸線が現れるか知れなかった。

「まだ何も見えない。周りは飛行機で一杯で、波打つようにゆっくり上下している。我らの目標は、あるイギリスの飛行場。実際はどんなふうだろうか？ 偵察機の写真で、そのひとつひとつの格納庫や兵舎の配置はよく承知しているのだが。

「『海岸線！』――もう白日夢の時ではない。

「『右舷に戦闘機！』 高いところに小さな点が3個。彼らは後方に回って見えなくなり、ついで急降下して我々の尾部に突っ込んでくる。

「我々の機銃が先頭の敵機に短い連射を浴びせる。敵は離脱し、代わって2番目の敵が射撃位置につく。彼の射弾もまたこちらには当たらない。

「『左舷上空に戦闘機5機』と通信士が静かに告げる。我々は針路を保って飛行を続け、いまや切れはじめた雲の間に、目標を見つけようと努める。『眼下に飛行場！』

「ついに目標到達――乗機は機首を下に向けて急降下に入る。急速にスピードが増し、風がうなり声を上げる。格納庫がどんどん大きくなる。対空砲火が激しい。

「機体が揺れ、爆弾が落ちてゆく。地上は大混乱だ。格納庫の壁面や屋根はアルミ箔のようにクシャクシャになり、残骸が空中に舞い上がる。飛行機は弾片に引き裂かれる。煙と埃の巨大なキノコ雲が立ちのぼり、それを縫って、さらに新しい炎と爆発が見える」

当時の文体で書かれたルードルフ・クラッツ中尉の手記が、この攻撃についての彼個人の印象を反映していることは疑いない。だが、これは全体的な事実を示してはいない。レコンフィールドの少し手前で、ユンカース隊はにわかに南に針路を変え、ドリッフィールドの爆撃機軍団基地を攻撃したのだ。侵入者

このJu88がイギリスの北の護りに敗れた1機であることは疑いようもない。第30爆撃航空団第7中隊の「ドーラ＝リヒャルト」で、8月15日、ヨークシャーへの攻撃の際、「アドラー」航空団が失った7機のうちのひとつ。ここでは宣伝写真のために、戦闘機パイロット訓練生たちの手ごろな止まり木の役を務めさせられている。

を迎えた「激しい」弾幕を撃ち上げたのは、この基地の20門の高射砲だった。

　基地の受けた被害は大きく、第77および第102爆撃飛行隊のホイットレー爆撃機9機も破壊された。だがクラッツの手記は、当然ながら味方の損害については口を閉ざしている。第30爆撃航空団のユンカースは7機が撃墜され──うち5機は戦闘機型のJu88C──、さらに3機が帰還途中に墜落、または不時着した。

　1940年8月15日、第1教導航空団と第30爆撃航空団が喫した計15機という損失は、Ju88爆撃飛行隊がイギリス本土上空で一日のうちに受けた損害としては、結局、最大のものとなった。

　8月という月はユンカース隊の乗員たちにとり、始まったときと同様、それほど波乱もなく、損失も最小限に留まって終わったが、例外の日が二度あった。8月21日、6機のJu88が撃墜され、うちコーンワル沖で失われた2機は第806爆撃飛行隊の所属で、機長はどちらも海軍中尉だった。8月24日は5機が失われ、うち4機は第76爆撃航空団第II飛行隊所属機で、みなマンストンを攻撃中に撃墜された。飛行隊長メリケ少佐も戦死した。

1940年9月
September 1940

　次に複数の損失が出たのは9月9日になってのことで、第30爆撃航空団の5機が戻らなかった。行方不明者のリストには第III飛行隊長ハックバルト少佐の名もあったが、少佐は英仏海峡に不時着水して捕虜となった。

　この9月9日、第30爆撃航空団の目標はロンドンのドック地帯だった。それはこのときまでに、イギリス本土への空からの猛攻の力点が根本的に変更されていたためである。ドイツ空軍はもはや、侵攻の前段階としてイギリス空軍の飛行場を無力化することに集中してはいなかった（電撃戦が成功するためには必須のこの条件が、目的を達成する以前に放棄されたのは開戦以来初めてだった）。8月24日から25日にかけての夜、ドイツ空軍の爆弾が大ロンドン[the City of Londonと32の自治区（borough）からなる地域]に偶然に落下したことに対して、イギリス空軍はベルリンに同じことをして報復した。これに今度は総統が激怒し、イギリスの首都に対する昼夜を分かたぬ爆撃攻勢を開始するよう、ゲーリングに命じたのだった。

　北東フランスとベネルクスに基地をおく第2航空艦隊の爆撃航空団が、ロンドンを昼間攻撃する一方、さらに西方の第3航空艦隊は夜間爆撃を担当することになった。あの8月15日の損失の大きかった北海越え攻撃の直後に、第

イギリス南部、そして第54爆撃航空団に話を戻す。この不運の犠牲者は、8月21日に対空砲火とハリケーン戦闘機に撃たれて、サセックスの畑地にわびしく横たわる「トーテンコプフ」航空団第4中隊の「B3＋BM」である。記念品漁りの連中が、早くも尾翼のカギ十字を剥ぎ取ってしまった。写真では、近くのタングミーア基地から一足遅れて現場に到着した先任戦闘機管制官が、もっと実用的なもの──かなり良さそうなベントレー車のための、タンク一杯の航空燃料──を不正に入手する作業を指揮している！

右頁下●第77爆撃航空団の部隊マークは中世ドイツ騎士団の旗と標語[Ich will das si vorfechten＝我が擁護者たれ]に由来する。不幸にも、同航空団の働きぶりは必ずしも、光輝ある先祖のそれに見合うものではなかった。

それから3週間足らずのち、わずか5マイル（8km）東のパガム港の浅瀬に、第30爆撃航空団第III飛行隊長ハックバルト少佐は乗機「アントーン＝ドーラ」を不時着させることになった。

30爆撃航空団がデンマークからオランダの飛行場に移動したのも、第2航空艦隊の戦力を増強するためだった。広い北海に慣れ親しんできた「アドラー（鷲）」航空団の船舶攻撃のベテランたちは、ひどく違うかたちの戦争が南イングランド上空で自分たちを待ち受けていることを知った。

アルベルト・ケッセルリング元帥の指揮する第2航空艦隊には、この時点でさらに4個のJu88爆撃飛行隊が増強された。そのひとつは第1爆撃航空団「ヒンデンブルク」第III飛行隊（III./KG1）で、この航空団でHe111から最初にユンカースに転換した部隊だった。あとの三つは第77爆撃航空団（KG77）を構成していた飛行隊である。

第77航空団は戦争初期に多大の損失を出し、すでに「運のない部隊」という噂がかなり高かった。実際、第二次大戦で最初に撃墜されたドイツ空軍機は同部隊のDo17 2機だった（疑問はあるが）といわれていたし、また1940年6月初め、南東イングラ

つぎの出撃を待つ間、ラン=アティエ飛行場で陽光を浴びてくつろぐ第77爆撃航空団の乗員たち。後方の「3Z＋HN」は第5中隊所属機で、方向舵と左翼上面に編隊目標用の白帯が描かれている。

ンドへの攻撃が始まったころのある出撃では、5機のドルニエを喪失していた。その後、第77航空団は本国に帰ってJu88へと機種を改変したのだが、訓練中の損耗率も他の部隊より高かった。そして9月の後半、わずか二度のイギリス出撃で第77航空団の受けた損失はなんと、この月全体で戦闘により失われたJu88の総数の、ほとんど4割を占めたのだ。

この二度の出撃の最初は9月18日の午後、第77爆撃航空団第Ⅲ飛行隊がティルバリー・ドックを目標に高速の襲撃をかけたものだった。テムズ河口をさかのぼって接近した、まだ経験のわりあい浅いJu88の乗員たちは、100機に近いイギリス戦闘機に襲われた。たちまち9機が撃墜され、うち第8中隊だけで5機を失った。戦死者のなかには飛行隊長マクシム・クレス少佐のほか、部隊の新装備機の「戦火の洗礼」を記録しようと空襲に同行するという誤りを犯してしまった従軍記者もひとり含まれていた。

9日後の9月27日、第Ⅰ、第Ⅱ飛行隊の連合部隊はさらに手ひどい打撃を受けた。55機のJu88は、英仏海峡上空で護衛戦闘機隊と待ち合わせるはずが失敗すると、またもや経験不足を露呈した。ふたつの飛行隊は、護衛をまったく欠いている以外は非の打ちどころのない編隊を組んで、ケントを超え、指示された目標、ロンドン南部へと強行したのだ。

この日、間隔の狭い爆撃機編隊に襲いかかろうと待ち受けていたイギリス戦闘機は前回よりなお多かった（ハリケーンとスピットファイア合計約120機）。このときに至って、ユンカース隊は無線封止を破った。気も狂わんばかりの救援要請に応え、多数のBf109が現場に駆けつけたが、遅すぎた。Ju88隊は南部地区上空で散り散りになり、安全を求めて英仏海峡に逃れようとする途中で、12機が失われた。

1940年10月
October 1940

　ケントとサリーのあちこちに散らばった第77爆撃航空団機の残骸は事実上、イギリス本土航空戦でのJu88の役割が終わったことを証明していた。事実、全体として昼間爆撃は急速に縮小されつつあった。10月の初めごろには――無尽蔵と思えるほど現れる不屈のイギリス戦闘機に対して、多数の護衛機が期待できない状況のもと――ドイツ空軍は爆撃機を単機、もしくは少数ずつ送り出し、特定の目標にヒットエンドラン攻撃をかけるようになりはじめていた。

　この新しい戦術のおかげで、10月の損失機は恒常的な少数損耗程度にまで減少したが、まったくのゼロにはならなかった。最初の犠牲機の中に、10月3日の朝、レディング近くのウッドリー飛行場攻撃を命じられた第77爆撃航空団第I飛行隊本部中隊(Stab I./KG77)の1機があった。この機は視界不良で道に迷い、気がつくとロンドンの北にいて、偶然、ハットフィールドのデ・ハヴィランド航空機製作所の上に出てしまった。

　わずか15mの高度で、ジークヴァルト・フィービヒ中尉は隣接の飛行場上空を横断しながら機銃を撃ちまくり、4発の250kg爆弾は濡れた芝生の上を弾んで、板金工場と私立技術学校に命中した。ユンカースも対空砲火の雨を浴びた――口径40mmのボフォース砲から、地元の国防市民軍兵士が興奮して振り回す骨董物のホッチキス機銃に至るまで。ユンカースはこれらの虐待に耐えきれず、6マイル(10km)ほど離れたところに墜落した。

　乗員4名は全員助かり、捕虜となった。彼らが知らなかったのは、自分たちが破壊したもののなかに、その6週間後に原型機が初飛行予定のイギリス空軍の新爆撃機、モスキートの生産のために集めてあった資材の多くが含まれていたことだった。

　24時間後、第77爆撃航空団第I飛

夏から秋に移ると、日光浴の機会も減った。その代わり、この所属不詳のJu88――すでに250kg爆弾4発が積まれている――のように、カバーをかけて風雨を防がなくてはならなくなった。

晩夏の戦いから生き残った、この第77爆撃航空団第2中隊所属のA-5も十分に覆いがかけられている。霧に閉ざされたラン=アティエ飛行場で、目に入る仲間はぬかるみの水に写った自分の影ばかりだ。

行隊はさらに1機を失った。いまやイギリス空軍第257飛行隊長となり、ハリケーンを操縦していたスタンフォード・タック少佐の7機目の戦果となったもので、サフォーク海岸沖の海に墜落した。だが、損失を出し続けていたのはこの「初心者部隊」だけでなく、10月が進むにつれ、経験豊かな第30爆撃航空団

1940年10月27日の夕方、ヨークシャー北部のリントン・オン・ウーズにある爆撃機軍団の飛行場に低空攻撃をかけた第4爆撃航空団第7中隊の「エーミール=リヒャルト」は対空砲火に撃たれ、海岸に向けて何とか100マイル（160km）近く飛んだあと、力尽きて胴体着陸した。兵士が指さすのは最近導入されたマークで、部隊の新しい夜間任務を反映したもの。

この胴体着陸したユンカースには大勢の民間人が見物に集まった。弾丸で孔の開いた機首のマークは、第806爆撃飛行隊第2中隊の所属機であることを示している。

48時間後、写真の中央、第51爆撃航空団「エーデルヴァイス」第9中隊のA-1「グスタフ」（9T＋GT、製造番号 7062）も、ブレティニーの第III飛行隊基地に帰還した際、着陸事故を起こして登録抹消となった。

第51爆撃航空団第Ⅱ飛行隊の、このJu88A-1（9K＋FP？）はひどく損傷を受けたものの、どうにか英仏海峡を越えて北フランスに戻ったのち胴体着陸した。胴体と右翼付け根の破孔、フェザリング状態の右エンジンプロペラに注目のこと。

同じ機体の機首部クローズアップでは、操縦室の横窓にもうひとつの破孔が見える。またパイロットの形に合わせた装甲鋼板付きの座席、それと背中合わせの、一回り小さい無線通信士兼後方銃手用バケツ形座席、全体に狭いJu88のコクピット、などがわかる。

このA-5はコクピット下に描かれている大きなスズメバチのマークから、第76爆撃航空団第Ⅲ飛行隊本部所属機であることがわかる。同航空団は1940年から41年にかけての冬、ユンカースに機体改変を開始した。

と第1教導航空団も被害を受けた。事実、この月最後に戦闘で失われたJu88は第1教導航空団第Ⅲ飛行隊の1機で、ケンブリッジ州でイギリス第1飛行隊のハリケーンに撃墜された。

このころになると、ドイツ空軍はこれ以上の爆撃機の昼間における損失——とりわけ、脆弱なDo17とHe111で装備された爆撃飛行隊の損失——を最小限にとどめようと、白昼の攻撃の際には高空を飛ぶ戦闘爆撃機に頼ることがますます多くなっていた。それまで、イギリスの空での夜の戦いは主として第3航空艦隊が担当していたが（過去数週間、この艦隊の損失の大部分は、フランスの基地に戻って暗闇の中で着陸しようとした際に墜落したものだった！）、すぐに、ドイツ軍占領下の西ヨーロッパに基地をおくほとんどの爆撃部隊も同じ任務に加わることになった。

ドイツ空軍は、これも7月に開始した戦いの継続と見なしていた。ただ攻撃の重点を昼間から夜間に移しただけだった。だが防御側にしてみれば、これは「本土航空戦」が終わり、包囲された島に向けて新たな攻勢が始まったことを意味していた。そのあとの月日に起きたことは、イギリス人の語彙に「Blitz」［ドイツ語の「稲妻」だが、英語では「ロンドン大空襲」の意味に使われる］という新しい単語を付け加えた。

夜の「稲妻」
Night Blitz

1940年晩期以降、イギリス上空におけるJu88のほとんどすべての活動は夜陰に紛れて行われることになった。爆音は聞こえても、ユンカースがその姿を目撃されることは稀だった——イギリスのレーダーの「電子の目」

上●第1爆撃航空団所属の「ベルタ」が、夜間出撃のため僚機に続いて暗い滑走路へと向かってゆく。主翼下面の爆弾に注目。

左●1940年11月28日早朝、サリー州レッドヒル近くに墜落したものの、乗員が見つからなかった謎のJu88A-5の尾部。第77爆撃航空団第6中隊の「3Z＋EP」である。

に写るか、冷たい朝の光のなかに、ねじ曲がった残骸をさらしているとき以外には。

　とはいえ、最初のうち、すなわち1940年から41年にかけての冬のころ、ドイツ空軍爆撃機は、ロンドンやどこか不運な田舎町に彼らが与えていった損害——往々にして深刻なものだった——以外には、夜中に現れた証拠をほとんど残さなかった。イギリス空軍の夜間戦闘機戦力が未発達だったため、撃墜された例はごく少なく、何千発も撃ち上げられる高射砲の弾丸は、頭上の敵を傷つけるより、国民の士気を高めることのほうに役立った。

　一例をあげれば、この時期に行われた空襲のなかで恐らく最も忌まわしいもののひとつ、11月14日から15日にかけての夜のコヴェントリー爆撃では、ほぼ半数をJu88が占める総勢300機の攻撃隊のうち、わずかに1機の不運なDo17（第3爆撃航空団所属）が対空砲火で撃墜されたに過ぎなかった。そして、この攻撃で焼けただれ崩れ落ちた聖ミカエル大聖堂の姿が、屈せぬ意志の象徴として伝えられはしたものの、その他のもっと正統な目標もひどい打撃を受けた。コヴェントリーにはイギリス海軍航空隊の最大の武器蓄積所があり、意図してか偶然かはともかく、ここも激しい爆撃を浴びて完全に破壊され

た。その影響は、ある消息筋によれば「世界中のソードフィッシュ飛行隊におよんだ」。

　1940年11月を通じ、イギリスへの夜間出撃から未帰還となったJu88は12機あったが、うちイギリスに墜落したのは4機に過ぎず、さらにその2機だけが対空砲火によるものだった。もう1機、11月20日の早朝にチチェスターの近くに落ちた第54爆撃航空団第3中隊の「ヴィクトール＝ルートヴィヒ」は、レーダーを備えたボーファイター夜間戦闘機の、記録に残る初めての勝利だったと信じられている。

　この月最後に失われたJu88は、イギリス空軍の情報士官たちを当惑させた。11月28日の朝早く、レッドヒルの南東で高圧電線に引っかかり、尾部をもぎ取られていた第77爆撃航空団第II飛行隊の所属機である。残骸のなかから「回覧してくれ──脱出する」と読める走り書きメモが見つかり、乗員たちが何か重大なトラブルに見舞われたことを示していた。しかしその夜、イングランドに落下傘降下した者がいたという報告はひとつもなかった。

　しばらく経ってから事実が判明した。この機の乗員たちは実際、機体から脱出していたのだ──ただし、フランスのランス上空で。無人となった爆撃機は独りでに旋回して元のコースに戻り、ふたたび英仏海峡を越えて、最後にサリーに落ちたというわけだった！

　12月の損失は8月から9日にかけての夜、ロンドンへの爆撃の際に失われた2機だけだった。第77爆撃航空団と第1教導航空団から各1機で、エセックス上空で対空砲火の犠牲となった。翌月には、夜間に失われたJu88は第1教導航空団第I飛行隊の1機だけで、1941年1月16日から17日にかけての夜、エイヴォンマスへの攻撃から未帰還となったが、これが対空砲火にやられたものか、あるいは当夜、西部地方に激しく降っていた雪による視界不良の結果なのかは明らかでない。

　このときまでに、多くの組織変えが行われていた。第2航空艦隊所属のJu88部隊は、イギリスへの夜間爆撃を継続するため、すべて第3航空艦隊に

これも下面を黒く塗装したA-5で、第1爆撃航空団「ヒンデンブルク」の所属機。来るべき夜間出撃に備え、燃料を補給している光景。

移管され、さらに2個飛行隊（第1爆撃航空団第II飛行隊、および第76爆撃航空団第III飛行隊）がユンカースへと機種改変を完了し、この結果、第3航空艦隊麾下の27個爆撃飛行隊のうち、14個飛行隊がJu88装備となった。1941年1月末には第76爆撃航空団第I飛行隊も最後のDo17をユンカースに交換し、Ju88飛行隊は15個に増えた。

　これが対イギリス戦に参加したJu88部隊の戦力が最大に達したときだったろう。というのも、すでに最初のユンカース部隊は占領下の西ヨーロッパから引き揚げを開始していたからである。南部イングランドに海路侵攻しようという、とうてい真剣なものではなかった総統の計画は、ついに完全に棚上げされた。いまやヒットラーの関心は別の地の征服に向けられていた。

　初めに移動を開始した部隊のなかに、空軍最初のJu88部隊があった。第30爆撃航空団「アドラー」で、ただし遠方というほどではなく、オランダから隣の北西ドイツに移っただけだった（その後またスカンジナビアに戻った）。第30航空団は1940年末にその第III飛行隊をふたたび実戦訓練部隊に戻し、すで

上●第1爆撃航空団では、黒の水性塗料を機体下面迷彩用だけでなく、すべての国籍マークと部隊マークを塗りかくすのにも使用した。この機体では、識別文字の最後の2字だけが後部胴体に白で小さく書き直され、これが実は第9中隊の「ハインリヒ＝テオドール」（製造番号3332）であることを明らかにしている。

中●爆弾を積んだ第1爆撃航空団のA-5が、別の1機を整備中の「黒服」と歩哨に見送られて、夕空へ飛び立ってゆく。

第1爆撃航空団は夜間迷彩を几帳面に施したが、部隊マークだけは消さなかった。これは1936年4月20日、同航空団が第一次大戦の英雄だった故パウル・ヒンデンブルク大統領を記念して命名された際、そのサインの模写を部隊マークとしたもの。

にある程度の内部改革を済ませていた。第III飛行隊の抜けたあとの空隙は、第4爆撃航空団第III飛行隊を改称して埋めた。この飛行隊は1941年1月16日、テムズ河口への白昼の船舶攻撃で3機を失うことになる。

第30爆撃航空団が単調な鉛色の北海で、ふたたび近海の船舶や沿岸の町を昼間、また夜間攻撃する活動を続ける一方、第1教導航空団の第IIおよび第III飛行隊のユンカースは、もっと陽光に恵まれた地に派遣された。同じ1月

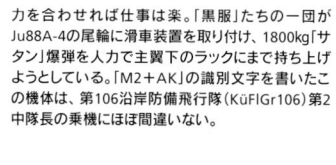

力を合わせれば仕事は楽。「黒服」たちの一団がJu88A-4の尾輪に滑車装置を取り付け、1800kg「サタン」爆弾を人力で主翼下のラックにまで持ち上げようとしている。「M2+AK」の識別文字を書いたこの機体は、第106沿岸防備飛行隊（KüFlGr106）第2中隊長の乗機にほぼ間違いない。

1941年3月12日夕刻、リヴァプールへの出撃を前に、第76爆撃航空団第9中隊の「ベルタ＝テオドール」の全員下士官からなる乗員がカメラに納まる。だが目的地上空で対空砲火を浴びて右エンジンナセルが発火し、4人全員がパラシュートで脱出して、終戦まで捕虜生活を送った。

これも後部胴体の小さな「最後の2文字」でようやくそれとわかる第1爆撃航空団第9中隊のA-5、「GT」。全体に明度を下げた塗装（主翼、尾翼、それに胴体に乱雑に塗られた黒塗料を含む）のなかで、垂直安定板に描かれた少なくとも6個の出撃マークが際立っている。

の半ばまでに、約50機がシチリア島のカターニア基地に進駐したが、これがJu88と地中海戦線の長い関わりの始まりとなった。数週間のうちに第30爆撃航空団第Ⅲ飛行隊がシチリアに来て彼らに合流し、他方、第1教導航空団第Ⅰ飛行隊と第51爆撃航空団は3月遅くに、バルカン方面作戦準備のため南東ヨーロッパ行きを命じられた。

こうした戦力低下にもかかわらず、1941年初夏の爆撃機部隊の大量東方移動（来るべきソ連侵攻に備えた戦力蓄積の一環だった）が、第3航空艦隊の爆撃飛行隊をほとんどゼロにしてしまう前に、西部戦線のドイツ空軍はイギリスに対する最後の一連の空襲を開始した。

当初は、広範囲に散在する目標を爆撃機の小編隊で攻撃した。1941年2月のJu88の損失3機のうち、最初の1機は第1爆撃航空団第8中隊機で、その月16日夜明け前、リヴァプールへ夜間攻撃をかけたあと、ほとんど無傷でケンブリッジ州に不時着した。48時間後、同じく第8中隊の1機と、第76爆撃航空団第6中隊の1機が、東海岸沿いの目標へ向けての昼間攻撃から未帰還となった。

3月前半の損失7機のうち2機は、Ju88に転換してまだ割合日の浅い第76爆撃航空団から出た。ともに12日から13日にかけての夜、1機はリヴァプール上空で、もう1機はポーツマス攻撃中に失われた。翌日の夜には、海軍飛行艇部隊がユンカースJu88に転換した部隊のひとつ、第106沿岸防備飛行隊

夕日がエンジンナセルにプロペラの長い影を落とす下で、第1爆撃航空団の地上勤務員たちが次の出撃の準備を進める。手前のふたりの間に見える爆弾の尾部安定板に、「警笛」が付いていることに注目。また爆弾の帯（黄色）は、弾殻の薄い通常爆弾であることを示す。

第30爆撃航空団第Ⅰ飛行隊の「4D＋BH」も、リヴァプール空襲から帰れなかった。写真は5月3日の深夜、デファイアント夜間戦闘機に攻撃され、イギリス東岸のノーフォークの浜辺までたどり着いたところで胴体着陸したもの。

（Küstenfliegergruppe 106——隊名は海軍時代と変わっていなかった）の1機が東海岸上空で失われ、同部隊初の実戦による損失となった。さらに24時間後、第806沿岸防備飛行隊のユンカース1機がふたたびリヴァプールを攻撃したが、ボーファイターに撃墜された。

　気象条件は未だ完全にはほど遠かったが、3月半ばにはドイツ空軍の攻撃は質量ともに激しさを増すことになった。15日から16日にかけての夜、100機を上回る爆撃機がロンドンを襲った。翌日夜には計200機近いハインケルとユンカースが二手に分かれて、ブリストルと隣のエイヴォンマス・ドックを攻撃した。イギリス本土上空での損失は1機だけで、第51爆撃航空団所属機が両舷エンジンに故障を起こしたものだった。

　その後、ハル、サウザンプトン、プリマス、ロンドンに大規模な空襲が続いたが、3月末には天候がふたたび悪化し、このため夜間の活動はほとんどすべて停止した。4月は静かに始まったが、やがて連夜の大爆撃へとエスカレートしていった。地方の都市と、とりわけ港湾がふたたび甚大な被害を受けた。クライドサイド、タインサイド、リヴァプール、ブリストル、ベルファストがすべて標的にされ、バーミンガムとコヴェントリーも同様に襲われた。

　だが、侵入者たちが繰り返し戻ってきたのはロンドンだった。4月16日から17日にかけての夜、第3航空艦隊は敵の首都に500機を超える爆撃機（そのうち約300機がJu88）を3波に分けて送り、大爆撃を行った。開戦以来最大のものとなったこの空襲は、深刻な被害をもたらした。ドイツ空軍はJu88を5機喪失し（4月のJu88総損失の4分の1）、He111も1機を失った。喪失したJu88のうち3機は第77爆撃航空団の所属機で、いずれも対空砲火の犠牲となったものと思われる。あとの2機のユンカースは第1爆撃航空団と第76爆撃航空団から1機ずつで、ともにイギリス第219飛行隊のボーファイターに撃墜された。ハインケルも同じ運命に遭った。

　いまや、夜間の「ブリッツ」は急速にその頂点に近づきつつあった。それま

第30爆撃航空団第I飛行隊本部所属機（手前の「4D+CB」と、その向こうの「EB」）が、ノルウェーの基地で翼を休める。すぐ使えるよう露天に置かれている各種、多数の爆弾は、北フランスなどと違い、空からの敵の奇襲を受ける心配がほとんどなかったことを示している。

荒涼としたノルウェーの風景の上を飛ぶ「アドラー（鷲）」航空団のA-5の編隊。

での月日は、イギリスの大都市圏に住む人々にとって試練の日々であり、何千という人命が失われた。だが空軍のこの夜間攻撃は、ドイツの掲げる理想を軍事面から後押しする役にはほとんど立たなかった。

　Ju88部隊の乗員たちにとって、それは悪天候によるときおりの中断を除けば、休みない努力の時期だった。どの飛行隊も、灯火管制されて暗黒のイギリスの至るところに散在する多様な目標を捜し出し、攻撃しなくてはならなかった。ときには一晩のうちに二度以上出撃することもあった。その代償はひどく高いものではなかったにせよ、損失は少しずつ増え続け、1941年5月に至って頂点に達した。この月の損失合計は40機を超え、前年夏の昼間航空戦以来の最大を記録した。

　損失のうち7機は、5月4日から5日にかけてのわずか一夜のあいだに、互いに遠く離れたベルファスト、ブリドリントン、トーキーへの攻撃中、もしくは帰還の途中に墜落した。だが、イギリスを空から屈服させようとする、ドイツ空軍のほとんど1年にわたる努力も、5月10日から11日にかけての夜、たっぷり7時間続いたロンドンへの猛爆撃をもって終わりを告げた。

　その夜は空襲に参加した250機以上のJu88に損失は1機もなかったものの、5月の終わりまでに、さらに23機が、より小規模な空襲から未帰還となった。しかしそのときすでに、東方への大移動が始まっていた。ドイツ空軍は、彼らがケント州丘陵地帯の上空で明らかに失敗したこと——敵の空軍を空中から一掃すること——を、ロシアの大草原の空で企てようとしていたのだった。

　どのような尺度に照らし合わせても、イギリス本土航空戦は完全に終了した。

海の戦い
Maritime War

　ロンドンが7時間にわたる火の試練を浴びてからわずか1週間後、まったく異なるドラマが展開を始めた。5月19日の早朝、ドイツ戦艦「ビスマルク」がバルト海のゴーテンハーフェンから出航した。ドイツ海軍の誇る「ビスマルク」は、イギリスの生命線というべき輸送船団を餌食とするため、広大な大西洋へと処女航海に出たのである。

　4万1700トンの巨艦はノルウェー海岸に沿って北上する途中、イギリス沿岸航空軍団(コースタル・コマンド)の偵察機に発見されたが、第30爆撃航空団第Ⅰおよび第Ⅱ飛行隊のJu88をはじめとする空軍部隊に先導されて無事に航走を続けた。やがて「ビスマルク」は空軍機の航続距離外に出、アイスランドとグリーンランドの間のデンマーク海峡に入ったが、このときにはイギリス巡洋艦2隻に尾行されていた。

　この巨艦が主要な海上輸送ルートに腰を据えたなら、どれほどの大災害を引き起こすかと恐れたイギリス海軍省は、これを迎え撃つべく、スカパ・フローから本国艦隊の主力を派遣した。戦史に残る海戦で、「ビスマルク」はまず世界最大の巡洋戦艦「フッド」を沈めたが、そのあと他のイギリス部隊に水上で、また空中から連続攻撃にさらされた。

　砲撃と雷撃を浴びて傷ついた「ビスマルク」は南東の方向、フランス大西洋岸へと向かった。そこでの空からの援護を期待してのことだったが、不幸なことに、「ビスマルク」の到着を援護し、できれば追跡者を追い払うため、第30爆撃航空団の船舶攻撃部隊をノルウェーから西フランスに移動させておく先見の明を備えていた人物はなかった。

第506爆撃飛行隊第1中隊の分散駐機場での慌ただしい動きは、作戦出動が差し迫っていることを想像させる。手前の、すでに爆弾を積んだ機体は「S4＋OH」(製造番号 2084)。

現地の「大西洋航空軍団(Fliegerführer Atlantik)」は、本来が偵察部隊だった。攻撃力としては、航続力はあるが被弾に弱いFw200「コンドル」が12機と、もと海軍部隊で今では独立の爆撃飛行隊、第606爆撃飛行隊(KGr606)として行動しているJu88の可動機が16機あるに過ぎなかった。ついでながらこの爆撃飛行隊は5月19日の早朝――「ビスマルク」がゴーテンハーフェンで錨を揚げたのと、ほとんど同時――南西イングランドの上空で、初めて戦闘によりJu88を2機失っていた。

第606爆撃飛行隊の乗員たちは沿岸を飛ぶ経験は積んでいたものの、彼らが訓練されていたのは商船を追尾し、攻撃することで、敵の主力艦隊の戦力と正面切って対決することではなかった。それでも5月27日朝、ユンカース8機が、傷を負った「ビスマルク」を捜して、どんな援助が与えられるかを知るため飛び立った。そのうち5機が「ビスマルク」の出した方向探知信号を受信し、1時間後、この大戦艦が圧倒的な苦境のなか、最後の戦いを続けているところを発見した。

Ju88隊はイギリス巡洋艦の1隻に急降下爆撃をかけようとしたが、失敗した。のちに報告したところでは、彼らの企ては「グラジエーターによる強い妨害」に邪魔された。どうやらユンカースは、「ビスマルク」攻撃のため「アーク・ロイヤル」から発進したソードフィッシュ雷撃機に出くわし、これを複葉戦闘機と勘違いしたらしかった!

ドイツ空軍の増援部隊(第1爆撃航空団第Ⅱ飛行隊、第54爆撃航空団第Ⅱ飛行隊、第77爆撃航空団第Ⅰ飛行隊)が西フランスに到着したときは、すでに遅く、「ビスマルク」は大西洋の海底に横たわっていた。立ち去ってゆくイギリ

夜間迷彩を施された、この第806爆撃飛行隊のA-1のパイロットは対空砲火で左昇降舵に大きな損傷を受けたが、無事に基地に帰還した。

第106爆撃飛行隊第2中隊所属のこのJu88A-5「M2+MK」(製造番号 6073)は1941年11月26日の夕方、誤ってデヴォン州チヴナーに着陸した。写真は1943年から44年ごろ、イギリス空軍第1426(敵飛行機)小隊のHM509となったのち、リンカーンシャー州ゴックスヒルのアメリカ陸軍航空隊戦闘機基地で撮影されたもの。だが1944年5月19日、ハンプシャー海岸のイギリス空軍ソーニー・アイランド基地で離陸しようとして、グランドループしてしまい、損傷はさして大きくはなかったが、スペア部品をとるために分解された。両エンジンは、小隊が捕獲して保有しているもう1機のJu88用に回された。

ス艦隊を追って、これら3個のJu88飛行隊が急派されたが、敵を発見できなかった。

「ビスマルク」の悲劇において、ユンカースは中心的な役割を果たしたとは到底いえなかった。しかし、はるか北方では、ソ連に戦略物資を輸送する北極海船団に対する長期にわたる戦いで、第30爆撃航空団のJu88の船舶攻撃隊は重要な働きをした。戦いの相手は主に西側の連合諸国だったが、戦闘は船団が目的地のロシアの港に近づいたとき、メドヴェージイ諸島の東で起こることが多かった。したがって、これらはJu88の東部戦線での物語に含めるほうがふさわしい。

だが、北極海での戦いに専念する以前、第30爆撃航空団の第Ⅰ、第Ⅱ飛行隊はイギリス海岸周辺での作戦行動を続けた。1941年後半から1942年の初めの数カ月にかけて、第30爆撃航空団はイギリス諸島に対する戦闘を続けている唯一のJu88爆撃航空団だった。基地はスカンジナビアで、また一時的に低地3国に分遣隊をおくこともあった。また、そのふたつの飛行隊は3個のもと沿岸防備部隊、すなわち第106、第506、第606各爆撃飛行隊の支援も受けていた。4番目の第906爆撃飛行隊は主に空海協同救難活動に従事した。

イギリス沿岸で機雷敷設と船舶攻撃にあたること9カ月、どの部隊も少しず

ユンカースの乗員のひとりがパラシュートの装用を手伝ってもらっているところを、写真班のフラッシュが照らし出す……

つ犠牲を出し続けた。この期間を通じて、60機を超えるユンカースが未帰還となったが、多くはイギリス空軍の改善が進んだ夜間戦闘機隊に撃墜され、ほかにトロール船の喧嘩早い対空機銃手にやられたものもあった。

しかし、もっと陰険な敵と、ドイツの飛行士たちはイギリスおよびその周辺の夜の空で対面した。ドイツ空軍の航法用ラジオ・ビーコンのそれを真似た偽信号を発する無線対抗装置、「ミーコン」だった。この電子ウソつき機械に騙されたJu88は、どれほどあったか知れない。たとえば1941年7月9日から10日にかけての夜、第106爆撃飛行隊のユンカース3機は、北海の上を飛んでいると信じたまま、ヨークシャーの大地に突入してしまった。ちょうど2週間後には第30爆撃航空団第Ⅰ飛行隊所属の2機が、うまうまと「ミーコン」に引っかかり、うち1機はウェストン・スーパー・メーア近くのイギリス空軍飛行場に着陸したが、乗員たちは無事にフランスに戻ったと信じきっていた。11月26日の夕方には、第106爆撃飛行隊の1機がアイリッシュ海上空で「ミーコン」の電波の餌食となり、デヴォン州チヴナーに着陸して、無傷のままイギリス空軍の手に入った。

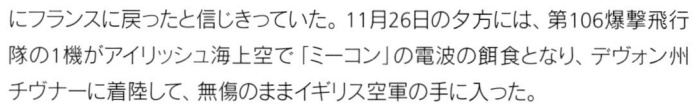

そして1942年春、イギリスの空の戦いは突然、新たな展開を見せた。新しいJu88の部隊が、まったく新しい種類の目標を攻撃することになったのである。

■ベデカー攻撃
The Baedeker Raids

1942年3月28日から29日にかけての夜、イギリス空軍爆撃機軍団はバルト海に臨むドイツの都市、リューベックを襲った。自軍の飛行機はまだ暗闇のなかで正確な目標地点を捜し出す能力がないことを承知の上で、その夜の空襲の目標に選んだのは同市の「アルトシュタット」地区――丸石を敷いた狭い通りの両側に、半ば木で造られた中世の家々が立ち並ぶ、文字通りの「古い街(アルトシュタット)」だった。

高性能爆薬とともに、250トンを超える焼夷弾が投下された。推定では旧市街地の四分の一以上が破壊され、多くの文化的、歴史的に重要な建築物も灰となった。以後「爆撃機軍団の最初の大成功」と表現されるこの攻撃を、ドイツ人は純然たる「テロ攻撃(テロルアングリフ)」とみなした。

激怒したヒットラーは、ワルシャワ、ロッテルダム、コヴェントリーといった明らかな先例は棚に上げて、ふたたび同種の報復を要求した。イギリスの歴史

……一方で、整備兵たちは受け持ち機の右エンジンの始動準備にかかる。

両エンジンとも回転し、飛行前の点検も完了。爆弾を満載した機体は離陸地点に向かう。

ある町々も、容赦ない攻撃にさらされる運命となった。総統の意志に応えたドイツ空軍の攻撃は、イギリスの文化的に重要な中心地を列挙して解説してある19世紀ドイツの有名な旅行案内書の名をとって、「ベデカー攻撃」と呼ばれるようになる。

だが、「ベデカー」を実行に移すことは容易ではなかった。第3航空艦隊は、イギリス本土に対する航空攻撃の半数以上に参加していた1940年の熱狂の日々のあと、肉を削り落とされて、ほとんど完全に防御軍に変身していた。いまや彼らは、敵の海岸へ攻めてゆくよりも、自軍が占領している北西ヨーロッパを連合軍の襲撃から守ることのほうに忙殺されていた。攻撃力としては、第2爆撃航空団第Ⅲ飛行隊のひと握りのドルニエDo217と、戦闘爆撃機2個中隊があったに過ぎなかった。

ドイツ空軍は東部戦線と南部戦線で手いっぱいの状況だっただけに、思い切った手段が求められ、かつ実行された。イギリス空軍には「実戦訓練部隊（Operational Training Unit = OTU）」という独立した組織があって、イギリスと英連邦諸国の多くの飛行練習生たちは、第一線部隊に配属される前に、ここで最終段階の訓練を受ける仕組みだった。ドイツ空軍爆撃部隊はこれと違って、それ自身の内部にOTUに相当するものがあった。通常は各航空団の第Ⅳ飛行隊がその役割をつとめ、自前で交替要員を供給していた。

こうした第Ⅳ飛行隊のいくつかが、ベデカー攻撃部隊を補強するため、第3航空艦隊に分遣された。だが経験の乏しい彼らの攻撃の多くは、存分に腕を振るえるようなものではなかった。彼らがイギリスの夜空に現れる主な目的は、第2爆撃航空団のドルニエの活動から敵の注意を逸らすことにあった。もしも空中で敵に遭遇したなら、作戦を中止して基地に戻るように彼らは命令されていた。

全員がうまくやれたわけではなかった。1942年4月25日から26日にかけての夜、バスへの2度目のベデカー攻撃で、第3爆撃航空団第Ⅳ飛行隊の1機のJu88はイギリス第255飛行隊のボーファイターに捕捉され、ウェールズの丘の中腹に落ちた。4日後、第77爆撃航空団第Ⅳ飛行隊の1機がヨークへの攻撃から未帰還となり、また5月3日から4日にかけての夜のエクゼターへの大規模な攻撃では、実習生たちが乗り組んでいた3機（第30爆撃航空団第Ⅳ飛行隊から2機、第77爆撃航空団第Ⅳ飛行隊から1機）が失われた。

標的にされたイギリスの大聖堂をもつ都市や、その他の町の市民たちにとっては大きな苦難だったものの、ベデカー攻撃の戦果は比較的わずかなものに止まっていた。第3航空艦隊の戦力をさらに増強することが企てられ、5月、第77爆撃航空団の第Ⅱ、第Ⅲ飛行隊は短期間、フランスに移駐した。だが、

南部戦線の危機的状況により、数週間後にはまた地中海方面に戻っていった（しかしその前に、第77爆撃航空団第Ⅱ飛行隊は――またしても――6月2日から3日にかけての夜、カンタベリーへの空襲で一夜にして4機を失っていた）。

去ってゆく第77爆撃航空団第Ⅱ・第Ⅲ飛行隊のあとには、第77爆撃航空団第Ⅰ飛行隊と第54爆撃航空団第Ⅱ飛行隊が、いずれも東部戦線から到着した。後者の部隊は7月にやって来て、もう8月にはあわただしくロシアに呼び戻された。

このころには、ベデカー攻勢も息切れが始まっていた。7月末、イングランド中部地方に向けた3夜連続の夜間空襲の2晩目には、第26爆撃航空団第Ⅲ飛行隊（Ⅲ./KG26）の2機のJu88が対空砲火に撃墜された。ところでこの部隊は、第3航空艦隊の貧弱な戦力を補完するため、もうひとつの飛行隊が送られたものではなく、単に、もともとは海軍に所属していた第506沿岸防備飛行隊が再度改称されたものだった。第506爆撃飛行隊として16カ月間行動したのち、ふたたび第26爆撃航空団第Ⅲ飛行隊と改名したのである（もとからあったⅢ./KG26は、第28爆撃航空団第Ⅲ飛行隊――Ⅲ./KG28――に改称されていた）。

1942年9月、攻勢はそれまでの最低に落ち込んだ。2日から3日にかけての夜、マンチェスターへの攻撃で、わずか2機のJu88――ともに第77爆撃航空団第Ⅰ飛行隊所属――が失われただけだった。だがこの月には、イギリスの空での苦しい戦いに、新しい生命を吹き込むためのひとつの試みとして、「イギリスに攻撃を加えることのみを任務とする、まったく新しい爆撃航空団」も編成された。

実際には、この航空団――第6爆撃航空団――は、新しくも何ともなかった。これを構成する3個の飛行隊は、既存の3つの部隊、すなわち第77爆撃航空団第Ⅰ飛行隊、第106爆撃飛行隊、それに第1教導航空団第Ⅲ飛行隊を、それぞれ改称することで「創設」されたものだった。

それに、イギリス攻撃に「専門に」使われたわけでもなかった。第6爆撃航空団は10月19日、東海岸への昼間攻撃で第Ⅱ飛行隊の2機を失ったのち、その本部中隊と第Ⅰ、第Ⅱ飛行隊は北西アフリカに上陸した連合軍に対抗するため、地中海方面に急派された。

1943年1月初めには、本部中隊と第Ⅰ飛行隊は北フランスに戻り、東部戦線で戦っていた第Ⅲ飛行隊もやがてこれに合流した。1月17日から18日にかけての夜、ずいぶん久しぶりに、ロンドンへかなりの規模の爆撃が実行され、第Ⅰ、第Ⅲ両飛行隊は合わせて4機のJu88を喪失した。いずれもイギリス空軍第29飛行隊のボーファイターの犠牲になったものらしい。これは3月25日早朝、第6爆撃航空団がイギリス北部地方へ出撃した際、4機が高地に激突し、もう1機が恐らく海に落ちてしまった異常事態を別とすれば、1943年全体を通じて一夜では最大の損失となった。

1943年の大部分の期間、第6爆撃航空団はイギリス上空で行動している唯一のJu88部隊だった。12カ月を通じ、彼らは主として沿岸の目標を攻撃したのだが、60機を超える同航空団機が、フランスやベルギーの基地に戻って来なかった。だが、この年が進むにつれ、イギリス諸島に対して発動される最後の大規模な爆撃計画が練られ始めた。総統が前から約束し、さかんに宣伝されていた「奇跡の兵器」――無人の飛行爆弾V1と、超音速ロケットV2――の出現が、この種の犠牲の多い空襲を過去のものとしてしまう前のことだった。

右頁上●わずか29歳のディートリヒ・ペルツ大佐は、ドイツ国防軍全軍で最も若い司令官だった。写真の彼は1943年7月23日に授与された剣付柏葉騎士鉄十字章をつけている。

右頁下●夜間迷彩を施された第6爆撃航空団所属のJu88S-1。1943年晩夏の撮影。

chapter 3
1944-45——衰退と終末
decline and dissolution

　それまでのイギリスに対する空からの戦いを「運用の誤り」と考えて立腹していたヒットラーは、来るべき攻勢を監督し、指揮するひとりの人物を指名することを命じた。多くの候補者のなかから、ゲーリングはディートリヒ・ペルツ中佐を選んだ。開戦時にはJu87「シュトゥーカ」の一パイロットながら、その後、爆撃機乗りたちのなかで昇進を重ねた人物だった。

　ペルツは大佐に進級し、3月末ごろ「イギリス攻撃指揮官（Angriffsführer England）」の称号を与えられた。いますぐ自由に使える戦力の心細さ——定数に満たないJu88爆撃航空団が1個、Do217の爆撃航空団が1個、それにFw190戦闘爆撃機の航空団が1個——では、イギリス空軍爆撃機軍団とまともに渡り合うことは不可能とよく知りつつも、ペルツは新しい責務に決意を抱いて取りかかった。

　彼が最初にとった対策のひとつが、編隊先導を専門とする部隊、第66爆撃航空団第I飛行隊を編成したことで、最初はDo217とJu88を混成装備していた。Ju88のなかには改良型のJu88Sも含まれていて、これはエンジンを換装し

てJu88Aより高速だったが、装甲は減らされていた。この部隊は1943年4月に編成され、翌月29日から30日にかけての夜、サセックス上空でイギリス空軍第85飛行隊のモスキートにより、Ju88Sの最初の1機を失った。

第6爆撃航空団も、夏から秋へ移るころ、空力的に洗練されたJu88Sを受領し始め、また失った。そして1943年10月には、どちらの部隊もさらに大幅に改良されたJu188を運用していた。Ju188は機首が改設計されて透明部分が大きくなり、主翼端は鋭く先細り、垂直尾翼が角張った形となった。

Ju188の初期の損失のなかには第66爆撃航空団第2中隊の1機があり、10月2日の夕方、ヨークシャー沖の海中に墜落した。その月半ばの15日から16日にかけての夜には、Ju188に全面的に機種改変を済ませた第6爆撃航空団第I飛行隊が、一夜で3機を失った。いずれもイギリス空軍第85飛行隊のモスキートにより、南東イングランドで撃墜されたものだった。

第66爆撃航空団第4中隊のJu188の下で救命胴衣を着用する乗員たち。機首の周りに取り付けられた阻塞気球係留ケーブル切断装置「クトナーゼ（Kutonase）」と、スピナーに描かれたこの航空団特有の「二重の環」に注目のこと。

イギリスの夜間防御力の効率が著しく高まっていたことは、やがて来るべき攻勢にとって良い前兆ではなく、またその攻勢は悪化しつつある天候のため、すでに遅れが生じていた。だがゲーリングは、無理にでも速度を早めようと決意し、1943年12月3日付けの命令で、「敵のテロ攻撃への復讐」のために、イギリスに対する空の戦いを強める意志を表明した。

この目的のために、さらに4個のJu88飛行隊、すなわち第54爆撃航空団第I、第II飛行隊、第30爆撃航空団第I、第II飛行隊が、ペルツの戦力に増強された。また開戦以来ドルニエを使ってきた第2爆撃航空団も、遅ればせながらユンカースに転換を始めた。1944年の初めには、同航空団の第II飛行隊がJu188への転換を完了していた。

「シュタインボック」［野生の山羊］作戦と名付けられた攻勢は、ようやく1944年1月21日の夕刻に発起され、最初の2波の爆撃機がロンドンへ飛び立った。ドイツ空軍の関心を向けられた側にとって、それに続く数週間は、「山羊」よりはわかりやすく、また疑いなくもっと正確に、「リトル・ブリッツ」、あるいは「ベビー・ブリッツ」の呼び名で知られることになった。参加したドイツ爆撃機の機数の少なかったこと、またイギリス側の防御態勢の良さ（この時期には海岸線を越え、夜間に大陸に侵入し、敵爆撃機を離着陸時に攻撃しようと、相手の基地の周りをパトロールして待つまでになっていた）を考えれば、「シュタインボック」が、せいぜい局地的な衝撃以上の成果を得られるチャンスは、ほとんど望めなかった。

Ju188「Z6＋KM」の機首クローズアップを見る。「クトナーゼ」がより詳しくわかる。ほかに排気消炎装置、機首の20mmMG151機関砲、広くなった（より危険にさらされた、ともいえるが）コクピットなどが興味をひく。

当然ながら、「黒服」には基地が一番ふさわしい！「クーアフュルスト＝マルタ」の左舷爆弾架までSC1000 1000kg大型爆弾を吊り上げようと、もう一踏ん張りの力をふりしぼる。

1944年初め、イギリスへ向かう第2爆撃航空団第Ⅱ飛行隊のJu188。

中●航空団は不詳ながら第1中隊所属(識別文字の最後の2字「CH」でわかる)のJu188が、1943年から44年にかけての冬、厳しい気候に挑戦する。塗装は下面が黒、上面はライトブルーの斑点模様。

下●対照的に、この第66爆撃航空団第Ⅰ飛行隊のJu188Eはアミアンの南、モンディディエ基地の迷彩された頑丈そうな格納庫に納まって、居心地良さそうに見える。

AB1000焼夷弾コンテナのクローズアップ。600個を超える1kg焼夷弾を広範囲にばらまくことができた。1944年春、ファーレルブッシュで撮影。背景に見える蛇行迷彩塗装を施されたJu88は、第76爆撃航空団の所属機と思われる。

　最初の夜間空襲時の兵力については、資料により異なっている。ドイツ空軍は2波で延べ約450機が出動したと発表した。イギリス側の推定では、大ロンドンまで到達した爆撃機はわずか13機に過ぎなかった。そしてこの夜、イギリス空軍爆撃機軍団は850機に近い飛行機を、ヨーロッパ大陸に向けて送り出したのだ！

　ペルツは彼の爆撃隊の成果について、あるいは不首尾について、すべての事実は知らなかったかも知れない。だが損失については知らざるを得なかった。21機もが失われ、うち12機がユンカースだった。1月29日から30日にかけての夜に行われた第2回目の「シュタインボック」攻撃では、さらに11機が犠牲となり、そのなかには第6爆撃航空団第I飛行隊のJu188と、第66爆撃航空団第I飛行隊の編隊先導機Ju88Sも1機ずつ含まれていた。

　冴えないスタートだったにもかかわらず、2月中にはさらに七度の攻撃が実行され、18日から19日にかけての夜の空襲では、ロンドン市民は1941年5月

「シュタインボック」作戦を通じてひろく使われたもうひとつの兵器は、「ヘルマン」とあだ名されたSC1000高性能爆弾だった。爆風の効果を最大に得るため、爆弾があまり深く地中に貫入しないよう、弾頭部にリングが溶接されている。

上●1944年4月19日朝、エセックス州のイギリス空軍ブラッドウェル・ベイ基地で、クレーンで片づけられる第54爆撃航空団第3中隊の「パウラ=ルートヴィヒ」の残骸。まだ暗いうち、乗員たちは無事にオランダに戻ったと思い込んで、この基地に不時着した。

左●同夜の攻撃は、ロンドンに対する大規模な爆撃としては大戦中最後のものとなったが、写真のJu188Eもその際失われた1機、第2爆撃航空団第5中隊の「U5＋KN」(垂直安定板のカギ十字の下にこの文字が見える)。イギリス空軍第85飛行隊のモスキート夜間戦闘機に撃たれたもので、ケント州ロムニー・マーシュの農地に墜落した。

以来という大きな被害をこうむった。しかし、攻撃を増やせば損失も増えることは避けられず、2月のユンカースの喪失は総計48機に達し、前月のそれの倍以上となった。

　損失の目録は3月に入っても延びてゆき、6夜の攻撃を通じて失われたユンカースは50機を上回って、「シュタインボック」攻勢で最も犠牲の多い月となった。このうち二夜については、ペルツは爆撃隊の目標を首都ロンドンから外し、19日から20日の夜はハルに、27日から28日にかけての夜はブリストルに向かわせたといわれる。だが現実には、どちらの町にも爆弾は落とされなかった。

　1944年4月18日から19日にかけての夜、ロンドンはこの大戦を通じて最後の大規模な爆撃にさらされた。攻撃部隊125機の半数近くが目標に到達し、首都を爆撃したが、13機を失い、うち11機がユンカースだった。不首尾のうちに終わった2年前のベデカー攻撃とまったく同様、「シュタインボック」もいまや急速にその勢いを失いつつあり、攻撃隊がイギリス上空で二桁の損害を出

したのは、これが最後となった。

　4月の残りの期間、ペルツの飛行隊はブリストルやポーツマスなど、主として沿岸に目標を絞った。Dデイのための侵攻用艦艇が集結し、混雑していたポーツマスは、そのあとも5月まで続く一連の爆撃に耐えなくてはならなかった。「シュタインボック」で最も階級の高い戦死者は、こうした攻撃の際に出た。5月22日から23日にかけての夜、第2爆撃航空団司令ヴィルヘルム・ラート少佐のJu188が、イギリス空軍第125飛行隊のものと思われるモスキート夜間戦闘機により、ワイト島南の英仏海峡に撃墜されたのである。

　ラートとその乗員たちが攻撃を加えた上陸用舟艇は、きっかり2週間後、ノルマンディの浜辺に兵士たちを吐き出しつつあった。戦場はふたたびヨーロッパ大陸に戻ってきた。

上面が一見、全面ライトブルー、下面が黒という一風変わった迷彩塗装の、第66爆撃航空団所属のJu188をとらえた2葉。「クトナーゼ」のレールに注目。胴体銃座はない。尾翼のカギ十字の上の「最後の2文字」(TN)だけが所属中隊を示している。第66爆撃航空団第Ⅱ飛行隊は公式には編成されなかったが、第5中隊は1944年夏から初秋にかけての数カ月間、実在した。

片方の翼だけが虚しく天を指す、第66爆撃航空団第1中隊のJu188A「3E＋PH」。ドイツ軍のベルギー撤退後、メルズブルークに遺棄されているのを連合軍が発見した。

ノルマンディ
Normandy

「シュタインボック」の終末期に参加して戦力を激減させたユンカースの8個飛行隊は、もはやこれ以上、敵地イギリスの夜空へたどり着こうとして、英仏海峡をパトロールしているイギリス夜間戦闘機からの危険に身をさらす必要はなくなった。だがノルマンディの橋頭堡の上の夜空は、それよりさらに危険な場所であることが判明した。Dデイに続く2カ月間に、西部戦線のユンカース爆撃機隊は事実上、消滅してしまったのである。

第54爆撃航空団が最初の実例を提供した。5月末の段階で、この航空団に残された2個飛行隊（第II飛行隊は4月に解隊されていた）には、Ju88の作戦行動可能機はわずか12機しかなかった。それでも彼らは連合軍上陸初日の1944年6月6日夕方、最大の努力を発揮するよう命じられた。ユンカース隊は上陸地点の東端、イギリス軍の担当した「ソード・ビーチ」を、500kg破片爆弾で攻撃した。

「目標地域は暗く、静かだった。だが静けさは偽りで、最初の爆弾が炸裂するやいなや、対空砲火がまさしく地獄の火のように噴き上げ、サーチライトが夜空を突き刺して、船舶の上の阻塞気球を照らし出した」

5機のJu88が還らなかった。このときの、またその後の損失はただちに補充されたものの、結局は苦しみを長引かせただけだった。8月の終わりまでに、第54爆撃航空団は6月初めの保有機数の4倍にものぼる、80機という驚くべき損失を出した。生き残った者たちは前線から撤退させられ、9月には同航空団はMe262ジェット機に機種改変を開始した。

ノルマンディ上陸から3週間で、第2爆撃航空団第II飛行隊のJu188はただの1機も残っていなかった。7月には補充機が到着しはじめたが、10月初め、同飛行隊は——同じ装備だった第I飛行隊ともども——解隊されることになる。

第6爆撃航空団は、ユンカース110機の定数を満たして「シュタインボック」

初期の「ミステル1」組み合わせ機で、第101爆撃航空団第2中隊に引き渡されたもの。上部分は通常型のBf109F-4、下部分はJu88A-4。このJu88の機首は間に合わせのもので、実戦出撃に先立って、V形炸薬を装塡した弾頭に換装されることになっていた。

実戦配備された「ミステル1」。1944年晩期、第66爆撃航空団第Ⅲ飛行隊のものと思われる。Ju88の、通常は乗員室のところに取り付けられた3500kgのV形炸薬入り弾頭に注目。スカパ・フロー攻撃に発進したのも、この種の「ミステル」だった。

の開始を迎えたが、その終わりにはわずか36機に減っていた。ノルマンディへの出撃3週間で、この数字はさらに半分になり、9月には同航空団もMe262ジェット戦闘機に転換するため前線から退いた。

戦争初期に北海で働いたふたつのベテラン船舶攻撃部隊、第30および第26爆撃航空団もまた、ノルマンディの戦いの大混乱のなかに投入された。

第30爆撃航空団第Ⅱ、第Ⅲ飛行隊は、両隊合わせても作戦行動可能なJu88を10機以上集められたことは稀だったが、7月には北ドイツの基地からベルギーへ前進した。上陸地沖合の連合軍船舶と内陸の地上部隊集結地に向けて、犠牲を出しつつ数度の夜襲をかけたのち、ふたつの飛行隊は中央ヨーロッパに引き揚げ、生き残ったパイロットのうち最熟練者たちは単座戦闘機への再訓練を始めた。

南フランスの基地から北上した第26爆撃航空団第Ⅱ、第Ⅲ飛行隊のJu88雷爆撃機も、英仏海峡に多数遊弋する連合軍船舶に対して夜襲を試みた。そして数隻の船を沈め、あるいは損傷を与えたが、船団からの激しい対空砲火と、どこにでも姿を現す敵夜間戦闘機に妨げられて、目立った成果はあげられず、8月半ばに連合軍が南フランスに侵攻すると[ドラグーン作戦]、また急

いで地中海戦線に呼び戻された。

8月10日の真夜中すこし前、単機のJu88が英仏海峡を越え、ハンプシャー州アンドーヴァーの北で墜落し、衝撃で完全にバラバラになった。これは「ミステル（宿り木）」と呼ばれた組み合わせ機の下半分だった。

「ミステル」は無人の爆撃機に爆薬を詰め込み、その背中に単発戦闘機を乗せた、いささか奇怪な兵器で、2年以上にわたり開発が続けられていた。これは遠距離にある目標を攻撃することを意図したもので、上に乗った戦闘機は往路、爆撃機のエンジンと燃料を利用でき、ミサイルを切り離したのち、単機で基地に戻る仕組みだった。

西部戦線で「ミステル」攻撃に適した主要な目標と考えられていたもののひとつに、スカパ・フローがあった。このイギリス海軍艦隊の主要な泊地はもう4年以上も、ときたま偵察機が様子を探りにやって来るほかは、攻撃を受けていなかった。「ミステル」の最初の実戦部隊、第101爆撃航空団第2中隊は1944年春に創設された。この部隊はデンマークに基地をおき、スカパへの攻撃を準備中にDデイ上陸を迎えた。そこでフランスに移動し、6月24日から25日にかけての夜、セーヌ湾に浮かぶ侵攻船団に向けて5機の「ミステル」が初めて実戦出撃を敢行した。4機の命中が報告された。さきに述べたハンプシャーに落ちたJu88は、8月10日から11日にかけての夜、同様に英仏海峡の連合軍船舶を狙ったのが、針路を誤って北に飛び続けてしまったものだった。

9月1日の夜、さらに2機のJu88の「迷子」が、恐らくは事故で、イギリスに墜落した。1機はケントに、もう1機はノッティンガムシャー州マンスフィールドの北で大地に激突した――海岸から約175マイル（280km）も入ったところに！

このころには「ミステル」部隊は第66爆撃航空団第Ⅲ飛行隊と改称されてい

機体全面に一時的に冬用の蛇行迷彩を施したJu88Sの翼から、乗員のひとりがホウキで雪を掃きおとす。写真はアルデンヌ反攻の際の第1教導航空団の所属機と思われる。

左頁の写真と同じ部隊に属する2機のS-3（手前は「白のH」）。場所も同じ雪の積もった飛行場だが、前の写真が撮影されたあと、さかんな活動が行われたことが明らかだ。

た。10月、この部隊の「ミステル」5機は、ようやくスカパ・フローへの攻撃準備を完了した。3機はドイツを出る前に落ち、残る2機は目標を発見できなかった。

アルデンヌ
Ardennes

わずか3個のユンカース爆撃飛行隊だけが、ノルマンディの流血の戦闘を生き延び、1944年の終わりまで西部戦線で連合軍と戦いを続けることができた。「シュタインボック」の編隊先導部隊を務めた第66爆撃航空団第I飛行隊は、作戦行動可能なJu188を4機、あるいは5機以上保有していたことは稀だったが、ノルマンディの戦いの全期間を通じて、同じ任務を続けた。ベルギーにい

第66爆撃航空団第1中隊のJu88S-1「Z6＋NH」（各機固有文字Nが主翼内側前縁に見えることに注意）が、エンジンを完全に交換される。だが手前の人物にとっては、自分の自転車を修理することのほうが大事なようだ！

慢性的な燃料欠乏を象徴する光景。冬のぬかるみのなか、雄牛の一団が、エンジンを取り外された「ノルトポール＝ハインリヒ」を引っ張って進む。

た第1教導航空団第Ⅰ、第Ⅱ飛行隊はもう少し裕福だった。同航空団の第Ⅲ飛行隊はDデイの直前に解隊されて、このふたつの飛行隊の不足分を埋め合わせていたから、ノルマンディ上陸から3週間過ぎても、なお両飛行隊合わせて22機（それぞれ半数ずつ保有）のJu88を出動させることができた。

フランスからの撤退に続く数カ月の間に、これら3個飛行隊はいずれも補充を受けた。そしてヒットラーの西部戦線における最後の大きな賭け——アルデンヌの反攻——を支援するよう求められた際には、それぞれ20機を超える戦力を有していた。

1944年12月16日、延長72kmの強固とはいえないアメリカ軍前線に沿って発起された、このドイツ軍の奇襲反攻作戦の目的は、ムーズ川を越えて補給基地であるアントウェルペン［アントワープ］を奪取することにあった。これはイギリスとアメリカの地上軍をふたつに分断しようというもので、事実上、イギリス大陸派遣軍（BEF）をフランス軍から切り離した1940年の電撃戦の再演だった。

ただ今回は、ドイツ空軍は空を支配していなかった。ユンカースの3個の飛行隊は夜陰にまぎれ、単機で、あるいは小集団となって、次第に成長してゆく「バルジ」［突出部］の両側面で、アメリカ軍地上部隊に主として低空からの擾乱攻撃を加えた。たとえば、ある夜は北側のアーヘンとヴェルヴィエの間のアメリカ軍陣地に対人破片爆弾を投下し、次の夜は南側でルクセンブルグとメッツの間の道路輸送部隊を襲うという具合だった。

前進する友軍の側面を固めることに加え、ユンカース隊はある目標を繰り返し攻撃していた——バストーニュ。アメリカ第101空挺師団が占領するこの町は、攻め寄せるドイツ機甲部隊のなかで岩のように立っていた。完全に包囲されたバストーニュは夜間空襲にさらされた。12月23日から24日にかけての夜、第1教導航空団の20機を超えるJu88が最初の攻撃を行った。次の夜には第66爆撃航空団第Ⅰ飛行隊のJu188もこれに加わり、照明弾で町の中心を示した。2トン近い爆弾が投下され、甚大な損害を与えた。

12月26日から27日にかけて、第1教導航空団はムーズ川の防衛線に関心の

1945年2月3日、ハンブルクの南方で、3機の「ミステル」がアメリカ軍のP-51マスタングに捕捉された。これはその1機、下半分のJu88が大地に向かって突っ込んでゆくところを、マスタングのガンカメラがとらえたもの。

矛先を変え、ドイツ軍の進路にある連合軍の目標を爆撃し、また機銃掃射した。参加した9機のうち、少なくとも3機が対空砲火で撃墜され、その中に第I飛行隊長リューディガー・パンネボルク大尉の操縦するJu88Sも含まれていた。だが、彼らの努力もむなしく、ドイツ機甲部隊はついに最初の目的を達成できなかった。12月27日、機甲部隊はムーズ川到達寸前のところで阻止されたのだ。

捕獲されたJu88とJu188の群れ。1945年5月にシュレスヴィヒで降伏した第1教導航空団第Ⅱ飛行隊の所属機も、このなかに含まれている。

　同じ日、バストーニュは南から進んできたアメリカ軍に救われた。だが爆撃は止まなかった。12月29日から30日にかけての夜は、2波、延べ60機が出撃し、第66爆撃航空団第Ⅰ飛行隊はどちらにも参加した。これがアルデンヌの戦い全期間を通じて、ドイツ空軍の実行した最大規模の爆撃となった。

　48時間後、この年最後の日、第1教導航空団はまたバストーニュへの攻撃を再開した。その戦闘がまだたけなわだった明け方、ドイツ空軍の戦闘機部隊は、西部戦線における彼ら自身最後の大愚行をやらかした——この上なく高くついた、連合軍飛行場に対する元旦攻撃［ボーデンプラッテ作戦］だった。

　アルデンヌでの反攻が完全に失敗したあと、もはや西部戦線でユンカース爆撃飛行隊にできることはほとんどなかった。機数はふたたび補充されたものの、ずっと危機的状況にあった航空燃料の補給は今ではほとんど途絶えていた。1945年3月、第66爆撃航空団第Ⅰ飛行隊の編隊先導部隊はしばらく東部戦線に配置され、それから北方のスカンジナビアへ向かって、降伏を待った。第1教導航空団は北ドイツで最期を迎えることになった。第Ⅰ飛行隊は4月にファーレルでカナダ軍に、第Ⅱ飛行隊は5月にシュレスヴィヒでイギリス軍に、それぞれ降伏した。

　だが、その1945年の春、西部戦線のJu88が参加した最後の作戦が行われた。3月7日、アメリカ第1軍はレマーゲンでライン川にかかる橋を無傷のまま占拠した。10日間にわたり、アメリカ地上部隊はこの危うげな橋を渡ってなだれ込み、一方ドイツ軍はあらゆる手段に訴えて、橋を破壊しようと試みた。

　他の手段がすべて失敗したのち、ドイツ軍は「ミステル」飛行隊を呼び寄せた。この部隊は今では第200爆撃航空団第Ⅱ飛行隊と再度改称されて、東部戦線で奮闘中だった。3月15日、レマーゲン地区の悪天候を利用して、4機の「ミステル」が橋に向けて放たれた。ひとつも命中しなかった。

　無人で、爆薬を詰め込まれた、使い捨ての、4機のJu88……。記録破りの「驚異の爆撃機」の、悲しい最期だった。

付録
appendices

■西部戦線における代表的なJu88/188爆撃機隊の兵力配置

A）電撃戦——1940年5月10日

		基地	機種	保有機数/可動機数
第1航空艦隊司令部：ベルリン				
第28爆撃航空団第Ⅱ飛行隊	カウフマン少佐	カッセル＝ロートヴェステン	Ju88A	4/2
第2航空艦隊司令部：ミュンスター				
第2特務航空軍団				
第4爆撃航空団第Ⅲ飛行隊*	ブレドルン大尉	デルメンホルスト	Ju88A	37/21
第Ⅳ航空軍団				
第1教導航空団（爆撃）本部*	ビューロヴィウス大佐	デュッセルドルフ	Ju88A	2/2
第1教導航空団第Ⅱ（爆撃）飛行隊*	ドブラッツ少佐	デュッセルドルフ	Ju88A	32/4
第1教導航空団第Ⅲ（爆撃）飛行隊*	ボルマン少佐	デュッセルドルフ	Ju88A	37/12
第30爆撃航空団本部*	レーベル中佐	オルデンブルク	Ju88A	2/2
第30爆撃航空団第Ⅰ飛行隊	デンヒ少佐	オルデンブルク	Ju88A	34/25
第30爆撃航空団第Ⅱ飛行隊	ヒンケルバイン大尉	オルデンブルク	Ju88A	38/25
第30爆撃航空団第Ⅲ飛行隊	クリューガー少佐	マルクス	Ju88A	30/20
第3航空艦隊司令部：バート・オルプ				
第Ⅴ航空軍団				
第51爆撃航空団本部*	カムフーバー大佐	ランズベルクルヒ	Ju88A	1/0
第51爆撃航空団第Ⅰ飛行隊*	シュルツ＝ハイン少佐	レヒフェルト	Ju88A	23/7
第51爆撃航空団第Ⅱ飛行隊	ヴィンクラー少佐	ミュンヘン＝リーム	Ju88A	38/15
			合計	277/133

*He111も並行装備

B）イギリス本土航空戦——1940年8月13日

		基地	機種	保有機数/可動機数
第2航空艦隊司令部：ブリュッセル				
第Ⅰ航空軍団				
第76爆撃航空団第Ⅱ飛行隊	メリケ少佐	クレイユ	Ju88A	36/28
第77爆撃航空団（再装備中）				
第9航空師団				
第4爆撃航空団第Ⅲ飛行隊	ブレドルン大尉	アムステルダム＝スキポール	Ju88A	35/23
第40爆撃航空団本部	ガイセ中佐	ブレスト＝ギパヴァ	Ju88A	1/1
第3航空艦隊司令部：パリ				
第Ⅳ航空軍団				
第1教導航空団本部	ビューロヴィウス大佐	オルレアン＝ブリシー	Ju88A	2/1
第1教導航空団第Ⅰ（爆撃）飛行隊*	ケルン大尉	オルレアン＝ブリシー	Ju88A	33/23
第1教導航空団第Ⅱ（爆撃）飛行隊	ドブラッツ少佐	オルレアン＝ブリシー	Ju88A	34/24
第1教導航空団第Ⅲ（爆撃）飛行隊	ボルマン少佐	シャトーダン	Ju88A	34/23
第806爆撃飛行隊	リンケ大尉	カン＝カルピケ	Ju88A	33/22

		基地	機種	保有機数/可動機数
第Ⅴ航空軍団				
第51爆撃航空団本部	シュルツ=ハイン少佐	パリ=オルリー	Ju88A	1/1
第51爆撃航空団第Ⅰ飛行隊	フォン・グライフ大尉	ムラン=ヴィラロシュ	Ju88A	30/21
第51爆撃航空団第Ⅱ飛行隊	ヴィンクラー少佐	エタンプ=モンデシール	Ju88A	34/24
第51爆撃航空団第Ⅲ飛行隊	マリエンフェルト少佐	エタンプ=モンデシール	Ju88A	35/25
第54爆撃航空団第Ⅰ飛行隊	ハイデブレック大尉	エヴルー	Ju88A	35/29
第54爆撃航空団第Ⅱ飛行隊	シュレーガー大尉	サン・タンドレ	Ju88A	31/23
第5航空艦隊司令部：スタヴァンゲル				
第30爆撃航空団本部	レーベル中佐	オールボール	Ju88A	1/1
第30爆撃航空団第Ⅰ飛行隊	デンヒ少佐	オールボール	Ju88A	40/34
第30爆撃航空団第Ⅲ飛行隊	コレヴェ大尉	オールボール	Ju88A	35/27
			合計	447/330

*He111も並行装備

C) ノルマンディ──1944年6月15日

		基地	機種	保有機数/可動機数
第3航空艦隊司令部：パリ				
第Ⅸ航空軍団				
第2爆撃航空団本部	シェーンベルガー少佐(代理)	クヴロン	Ju188E	3/2
第2爆撃航空団第Ⅰ飛行隊	シェーンベルガー少佐	クヴロン	Ju188A	8/2
第2爆撃航空団第Ⅱ飛行隊	エンゲル少佐	クヴロン	Ju188E	5/4
第6爆撃航空団本部	ホーゲバック中佐	メルズブルーク	Ju88A	1/1
第6爆撃航空団第Ⅰ飛行隊	フールホップ少佐	ブレティニー	Ju188A	16/11
第6爆撃航空団第Ⅲ飛行隊	プヒンガー少佐	アールホルン	Ju188A	18/11
第30爆撃航空団本部	フォン・グラーフェンロイト中佐	ツヴィッシェナーン	Ju88A	2/1
第54爆撃航空団本部	男爵リーデゼル・フォン・アイゼンバッハ中佐	マルクス	Ju88A	1/1
第54爆撃航空団第Ⅰ飛行隊	ゼールト少佐	ヴィトムント	Ju88A	16/9
第54爆撃航空団第Ⅲ飛行隊	ブロークジッター大尉	マルクス	Ju88A	11/7
第66爆撃航空団第Ⅰ飛行隊	シュミット少佐	アヴォール	Ju88S	6/5
			Ju188E	3/0
第76爆撃航空団第Ⅱ飛行隊	ガイスラー少佐	メルズブルーク	Ju88A	13/9
第1教導航空団本部	ヘルビヒ大佐	ル・クレ	Ju88A	1/1
第1教導航空団第Ⅰ飛行隊	オット少佐	ル・クレ	Ju88A	23/14
第1教導航空団第Ⅱ飛行隊	クレム・フォン・ホーエンベルク少佐	シエヴル	Ju88A	23/19
第2航空師団（南フランス）				
第26爆撃航空団本部	クリュンバー中佐	モンペリエ	Ju88A	1/1
第26爆撃航空団第Ⅱ飛行隊	テスケ少佐	ヴァランス	Ju88A	27/18
第26爆撃航空団第Ⅲ飛行隊	トムゼン少佐	モンペリエ	Ju88A	22/12
			合計	200/128

カラー塗装図 解説
colour plates

1
Ju88A-5 「V4+LT」 1941年4月 ロワ/アミ
第1爆撃航空団「ヒンデンブルク」第9中隊
イギリス夜間空襲の最盛期、ほとんどのユンカース部隊が採用していた典型的な秘匿塗装に仕上げられた第Ⅲ飛行隊の「ルートヴィヒ＝テオドール」。洗い落とし可能な黒色水性塗料をふんだんに使って、機体下面とマーキング類を塗り隠してあり、ただ後部胴体に小さく白で書かれた「LT」の文字だけが、その所属と個機の情報を示している。だが大部分の航空団や飛行隊は部隊マークまで塗りつぶすことには消極的で、この「LT」機も、図では隠れて見えないが、操縦席の窓の下にヒンデンブルクのサインを模写したマークが描いてある(64頁の写真を参照)。

2
Ju188E 「U5+EM」 1944年1月 ミュンスター＝ハンドルフ
第2爆撃航空団「ホルツハマー」第4中隊
同航空団第Ⅱ飛行隊は1943年から44年にかけての冬、Ju188Eに機種改変したが、その初期の機体はダークグリーンの上にライトブルーの蛇行模様という洋上作戦任務機の標準塗装を施されていた。規定の国籍マークと、当時の部隊コード文字にも注目。

3
Ju188E 「CP」 1944年4月 ミュンスター＝ハンドルフ
第2爆撃航空団「ホルツハマー」第6中隊
「シュタインボック」[本書第三章を参照]に参加して以後、第Ⅱ飛行隊の機体の多くはより夜間作戦に適した迷彩、すなわち下面マットブラック、上面ライトブルー(RLM76)の塗装を施された。上面はのちに2色の分割迷彩となった。本機の胴体国籍標識は十字の縁が細い。航空団を識別する小さな「U5」の文字と尾翼のカギ十字は、まったく描かれないこともあった。

4
Ju88A-1 「5J+CS」 1940年6月 キルヒヘレン
第4爆撃航空団「ゲネラル・ヴェーファー」第8中隊
同航空団第Ⅲ飛行隊の初期のユンカースの大部分は、胴体の十字が縁の細い戦前型だったと思われる(細い縁は戦争末期に、より視認性の低い迷彩の採用とともに復活する——塗装例3がその例)。それ以外は西部戦線での白昼電撃戦当時の標準的な塗装である。各機固有文字「C」は赤で、白の縁どりがされ、スピナーの先端もこの2色の取り合わせになっていることに注目。

5
Ju188E 「3E+EL」 1943年10月 シエヴル
第6爆撃航空団第3中隊
1943年晩夏から初秋にかけて同航空団第Ⅰ飛行隊に引き渡された最初のJu188は標準的な昼間迷彩だったが、間もなく、1941年から41年にかけての夜間イギリス空襲に参加した先輩Ju88が受けたのと同じ処置、すなわち、明るい色の部分をすべてススのような黒に、ただちに塗りつぶすことを余儀なくさせられた。この「エーミール＝ルートヴィヒ」も次のイギリス夜間空襲に向けて、準備が整った状態にある。

6
Ju88A-14 「3E+NS」 1944年2月 メルズブルーク
第6爆撃航空団第8中隊
前掲の第Ⅰ飛行隊とは異なり、この航空団の第Ⅱおよび第Ⅲ飛行隊は1944年初期の「シュタインボック」攻勢期間を通じてJu88を使用しつづけた。「NS」は基本的には上面が2種のダークグリーン(70/71)、下面が黒の夜間用迷彩だが、上面にはライトブルー(76)の斑点を一面に散らしてあり、これは当時の第Ⅲ飛行隊所属機には珍しくない風習だった。識別文字はグレイで書かれ、胴体のバルケンクロイツの縁も細く、また明度を落としてあることに注目。

7
Ju88A-4 「1H+EW」 1942年夏 ヴェスターラント/ジルト
第26爆撃航空団第12中隊
1942年の「ベデカー」攻勢[第二章を参照]では、各航空団で通常は実戦教育隊の役割を務めている第Ⅳ飛行隊もいくつかイギリスの空に投入されたが、この航空団の第Ⅳ飛行隊はそれには加わらなかった。第26爆撃航空団はドイツ空軍では雷撃・爆撃専門部隊で、のちにノルマンディの戦いに短期間参加したものの、その主な活動地域は地中海と、はるか離れたノルウェー北方でのロシア向け船団の攻撃だった。図の「EW」は魚雷は装備していないが、機首には船舶攻撃用の機関砲が見える。

8
Ju88A-1 「4D+BA」 1940年4月 トロンヘイム＝ヴァールネス
第30爆撃航空団本部
ノルウェー戦のさなかの姿を描かれたこの機は、胴体バルケンクロイツの縁が狭く、上面と下面の塗り分け線が高い位置にあるが、これは最も初期に就役したユンカースの特徴であり、本機も第30航空団に引き渡された最初の機体のひとつと推定される。航空団本部マーク「舞い降りる鷲」の背景が、指揮下の3つの飛行隊を示す3色に塗り分けられている。

9
Ju88A-5 「4D+KL」 1940年8月 オールボール
第30爆撃航空団第3中隊
第30爆撃航空団は「イギリス本土航空戦」の期間の大部分、デンマークのオールボールを基地としていた。第Ⅰ飛行隊所属(航空団マークの背景が白である)のこの機は、厄日となった8月15日の北海越え攻撃[第2章を参照]から還らなかったうちの1機で、イギリス第73飛行隊のA・L・マクネイ軍曹のハリケーンⅠ型に襲われ、ブリドリントン近くに不時着した。

10
Ju88A 「4D+AD」 1940年9月 アイントホーフェン
第30爆撃航空団第Ⅲ飛行隊本部
第5航空艦隊から第2航空艦隊に移籍されても、第30爆撃航空団の損耗は止まらなかった。盾の黄色は第Ⅲ飛行隊の所属機を示す。胴体の識別文字でわかるように、これは第2航空艦隊司令官ケッセルリング元帥の女婿でもあった飛行隊長ハックバルト少佐の乗機で、9月9日、イギリス第603飛行隊のスピットファイアに襲われ、パガム沖の浅瀬に不時着水した。
[ここに飛行隊本部機が登場したので、これまで解説でふれてきた胴体の識別文字に付いて注記する。識別文字は、バルケンクロイ

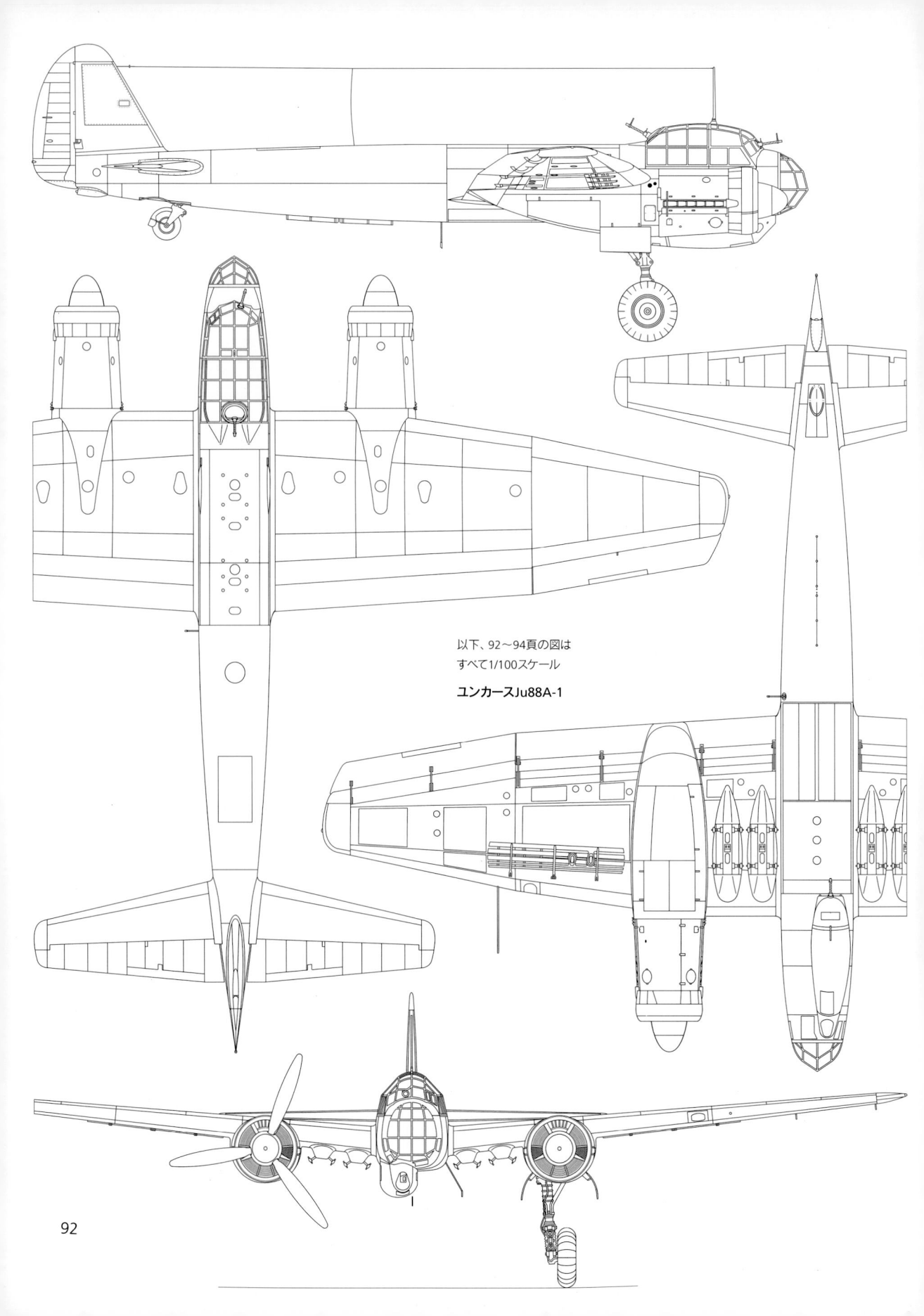

以下、92〜94頁の図は
すべて1/100スケール

ユンカースJu88A-1

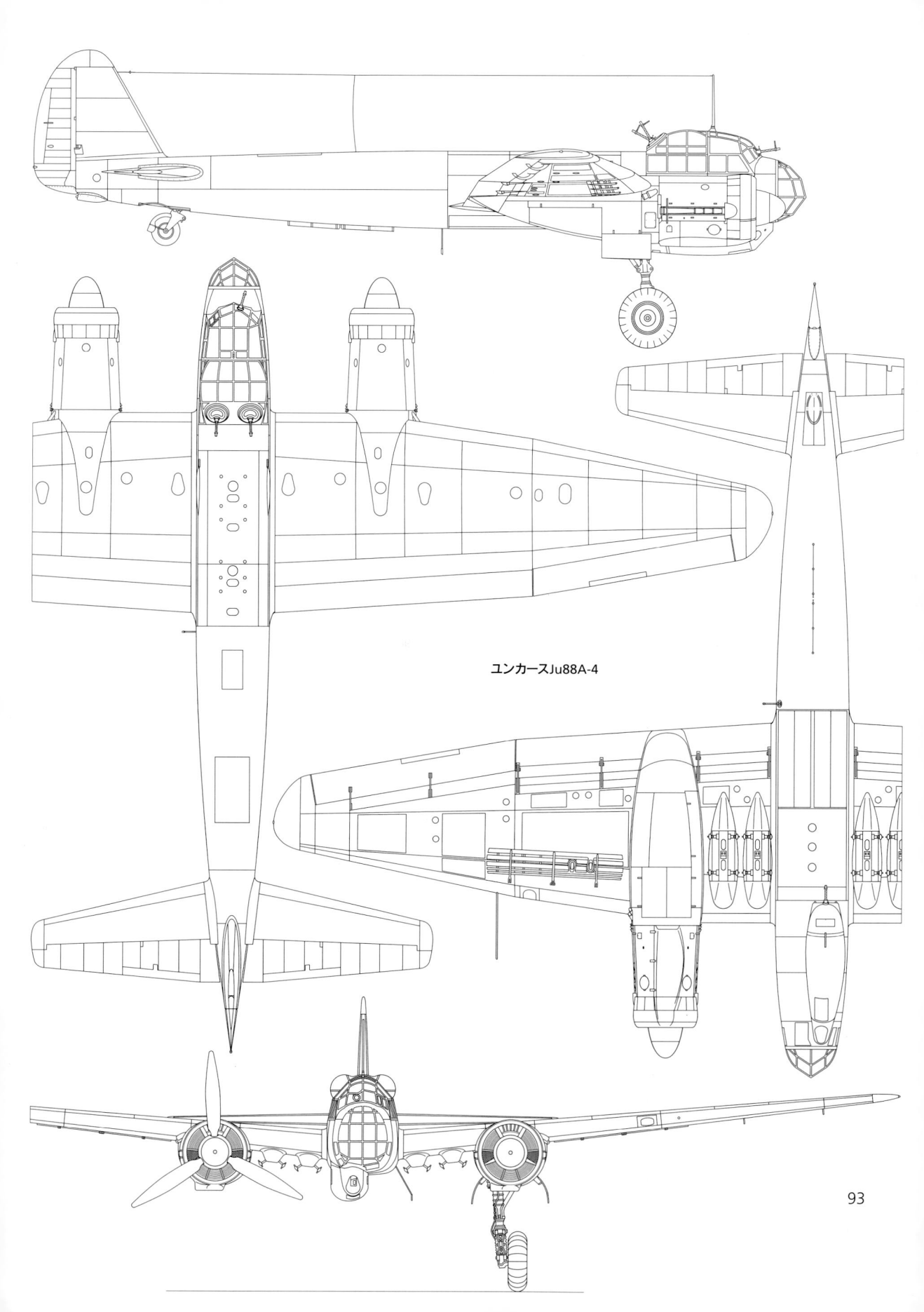

ユンカースJu88A-4

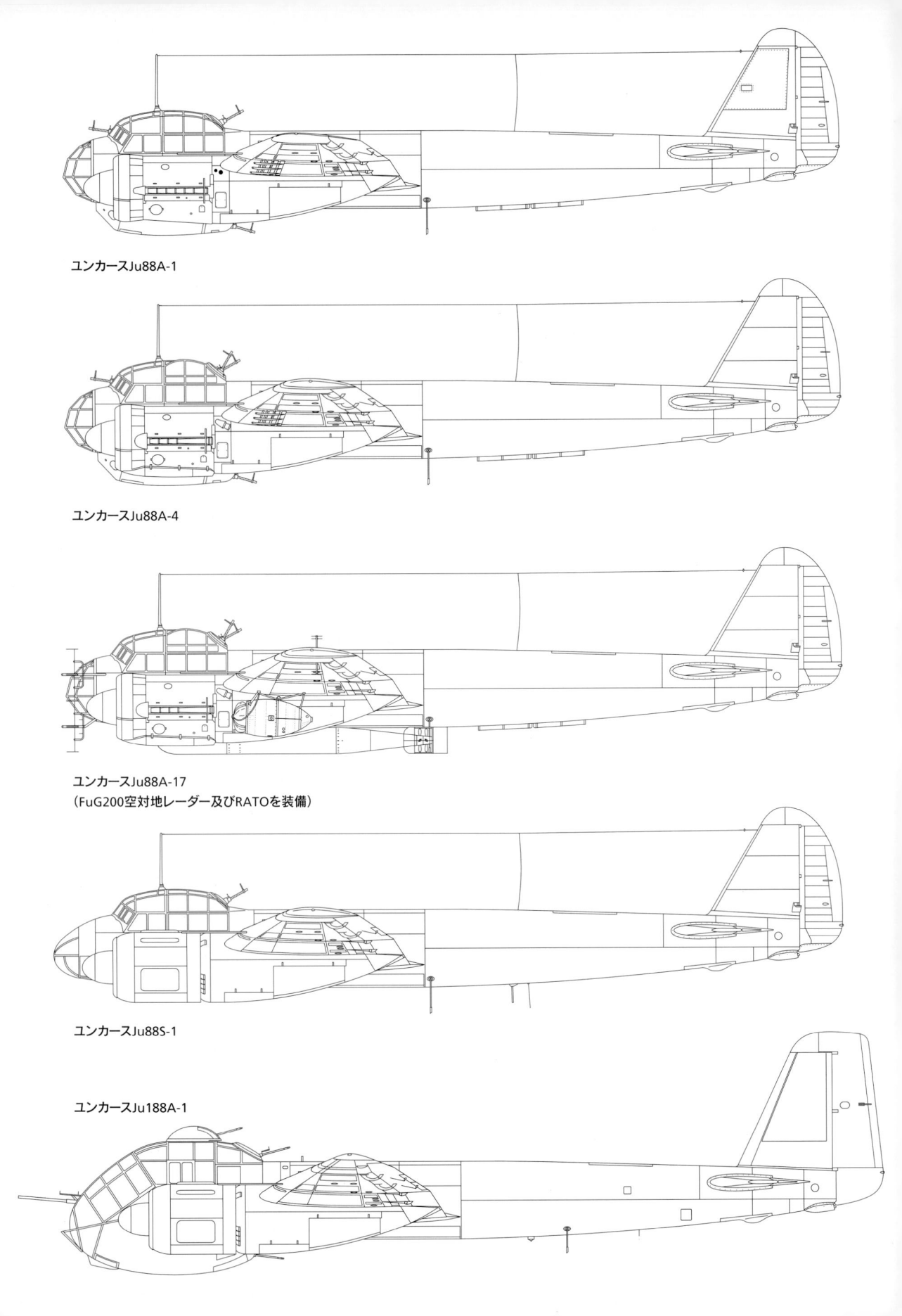

ユンカースJu88A-1

ユンカースJu88A-4

ユンカースJu88A-17
(FuG200空対地レーダー及びRATOを装備)

ユンカースJu88S-1

ユンカースJu188A-1

ツ(十字)の左側の2字が所属航空団を表す。十字の右(3番目)は各機固有文字で、中隊色(1、4、7中隊は白。2、5、8中隊は赤。3、6、9中隊は黄。本部中隊は緑)で書かれるか、縁どられている。4番目の文字は所属中隊を示し、航空団本部はA、以下、飛行隊本部は第I飛行隊から順にB、C、D……、と続く。中隊は第1中隊から順にH、K、L、M、N、P、R、S、T……と続く。この例では、4Dが第30爆撃航空団、そして3番目の文字Aが緑色で書かれていることと、最後の文字Dで第III飛行隊本部所属を示している。飛行隊長機は通常、各機固有文字にAを選んでいた]

11
Ju88A 「4D+GM」 1943年3月 リスター
第30爆撃航空団第4中隊

第30爆撃航空団はのちにノルウェーに戻り、北極海での船団攻撃に大いに働いたが、ときには夜間、北海に現れて、イギリスの沿岸海運を攻撃もした。この第II飛行隊所属機はノルウェー南部に分遣され、その種の任務に従事した機体のひとつで、機首には機関砲を備えている。マーキングは目立たぬよう明度を落とし、下面は応急の黒塗装が施され、排気管には消炎用のシュラウドが取り付けられている。

12
Ju88A-1 「9K+AB」 1940年8月 ムラン=ヴィラロシュ
第51爆撃航空団「エーデルヴァイス」第I飛行隊本部

これも指揮官乗機で、イギリス本土昼間航空戦の末期段階での第I飛行隊長クルト・フォン・グライフ大尉機。第I飛行隊所属を表す白いスピナー、冷却器カウリング前縁の狭い白の帯に注目のこと。後者はたぶん本部小隊機を表しているものと思われる。

13
Ju88A-1 「9K+GR」 1940年11月 プレティニー
第51爆撃航空団「エーデルヴァイス」第7中隊

前掲機とはまったく対照的に、この黒ずくめのA-1が夜間イギリス空襲に参加していたことは明らかである。この応急塗装はイギリス上空の暗闇のなかで、ある程度の保護を与えてくれたかも知れないが、「グスタフ=リヒャルト」は白昼、フランスの空で最期を遂げる運命を迎えた。11月18日、フランス国内を飛行中に原因不明の爆発を起こし、マイスナー軍曹以下の乗員は死亡した。

14
Ju88A-1 「9K+EH」 1940～1941年冬 ムラン=ヴィラロシュ
第51爆撃航空団「エーデルヴァイス」第1中隊

応急夜間塗装のバリエーションの一例。「エーミール=ハインリヒ」は後部胴体全体を黒で塗りつぶし、その上に「最後の2文字」をきわめて細い書体で書き直してある。しかし国籍マークを目立つ形のままにしておいたために、乗員たちはあやうく命を失いかける羽目になった。この機はイギリス上空でひどい損傷を受けたが(対空砲火か、それとも夜間戦闘機によるものかは明らかでない)、幸運にもどうにか基地に帰りつき、パイロットは胴体着陸に成功した。

15
Ju88A-1 「B3+EH」 1940年8月 エヴルー
第54爆撃航空団「トーテンコプフ」第1中隊

イギリス本土航空戦の最盛期における第54航空団機の代表としてここに掲げた「B3+EH」(製造番号4079)も、のちにフランスで事故に遭う。1940年10月6日、ロンドンへの夜間空襲の帰途、エンジン故障を起こし、ルーアン南東に墜落したのだが、乗員4名はパラシュートで脱出して無事だった。

16
Ju88A-1 「B3+IM」 1940～1941年冬 サン・タンドレ
第54爆撃航空団「トーテンコプフ」第4中隊

前掲の「EH」が失われたころには、第54航空団も新しく始まった夜間任務で乗機をより見えにくくするため、黒い水性塗料を使いはじめていた。「イーダ=マルタ」の乗員たちは他の多くの機より塗料を節約し、国籍マークと各機固有文字の「I」などの白い部分を塗りつぶすだけで満足している。

17
Ju88A-4 「B3+PL」 1944年4月 イェーファー
第54爆撃航空団「トーテンコプフ」第3中隊

地中海戦線で2年以上を送ったのち、第54爆撃航空団第I飛行隊は「シュタインボック」攻勢に参加するため、北ドイツに呼び戻された。製造番号141214のこの機は、最近の移動の証拠を隠すため、航空団の特徴あるドクロのマークは塗りつぶしたものの、そのほかは華麗な洋上作戦迷彩のままで、4月18日から19日にかけての夜、ロンドンに向けて飛び立った。だが首都上空で対空砲火に撃たれ、左エンジンは停止、コンパスを含む計器の多くも壊れてしまった。ブラント軍曹はオランダまでたどり着こうと、そのあと90分頑張って飛びつづけ、薄暗い照明のついた飛行場に胴体着陸した……そこはエセックス州だった。

18
Ju88S-1 「Z6-BH」 1944年4月 アヴォール
第66爆撃航空団第1中隊

この航空団で編隊先導を務めた第I飛行隊ほど、身元を隠すために手の込んだ塗装を施した部隊は他にない。「シュタインボック」に参加した、この夜間迷彩のJu88Sは上面をライトブルーの地にダークグレイの斑点を散らしている。国籍マークは依然として目立つものだが、識別記号の4文字「Z6-BH」は尾翼のカギ十字の右側の高い位置に移り、ようやく見える程度にまで小さくされた。それでも各機固有文字「B」をわざわざ、中隊色である白で正しく書いていることに注意。

19
Ju188E 「Z6-LH」 1944年7月 モンディディエ
第66爆撃航空団第1中隊

前掲のS-1と全体的には同じ塗装だが、ノルマンディの戦いの最盛期の姿を描かれたこのJu188Eは胴体のバルケンクロイツの明度を弱め、尾翼のカギ十字は完全に消されている。そのカギ十字のあった場所には4文字コードが記されている。これらのコード文字はすべてライトブルーの地に白字で書かれているが、そうでなかったなら、ほとんど見分けがつくまい。

20
Ju88S-3 「Z6+FH」 1944年12月 デーデスドルフ
第66爆撃航空団第1中隊

ノルマンディで生き残った第66爆撃航空団第I飛行隊は、ベルギーとオランダを通って北ドイツへ退却した。このころ同飛行隊は少数のS-3も運用しており、これらはすべてとはいわぬまでも、大部分は全面黒塗装だった。アルデンヌ反攻に先立って、これらの機体は上下面ともライトブルー76の蛇行迷彩が施された。この迷彩はアルデンヌ地方の雪をかぶった森の景色によく溶け込み、同時に、胴体側面の各機固有文字以外のすべてのマーキングを見えにくくさせる結果も生んだ。

21
Ju88A-5 「F1＋BD」 1941年2月 イルレスハイム
第76爆撃航空団第III飛行隊本部
同航空団第III飛行隊は最も遅れてJu88に改変した部隊のひとつで、西部戦線で短期間実戦に参加したのち、1941年6月に始まるソ連侵攻に備えた東方への大移動に加わった。規定通りの塗装とマーキングを施されたこの本部小隊機は、スピナーを指揮下3中隊を表す3色に塗り分けている。第III飛行隊はイギリス上空の短期間の戦いで5機のJu88を失い、そのなかには「ベルタ＝ドーラ」の姉妹機で、5月7日から8日にかけての夜に未帰還となった「F1＋AD」（フォン・ツィールベルク少佐操縦）もあった。

22
Ju88A-5 「F1＋BR」 1941年4月 スーステルベルヒ
第76爆撃航空団第7中隊
同航空団第III飛行隊は1941年4月末、新装備のJu88でスーステルベルヒに到着した。「ベルタ＝リヒャルト」の鮮やかな白の中隊マーキング（スピナー、胴体の帯、それに各機固有文字）は、同飛行隊が翌月初め、北海を越えてイギリスの夜の空への出撃を決行した際には、用心のため黒色で塗り隠されたに違いない。

23
Ju88A-5 「F1＋GS」 1941年4月 スーステルベルヒ
第76爆撃航空団第8中隊
それと同じことが、第8中隊の「グスタフ＝ジークフリート」にも行われつつあったようだ。ただし、尾翼のカギ十字が塗り消され、その下に「最後の2文字」が殴り書きされた一方で、赤い胴体帯を含む胴体のマーキングがそのままになっている理由は明らかではない。作戦上の必要から作業が中断し、乗員たちは運を天に任せなくてはならなくなったということだろうか？

24
Ju88A-1 「3Z＋BB」 1940年10月 ラン＝アティエ
第77爆撃航空団第I飛行隊本部
10月3日、フィービヒ中尉はこの本部小隊機（製造番号4136）を操縦してレディング近くのウッドリー飛行場攻撃に向かったが、目標上空の視界が悪く、代わりにハットフィールドのデ・ハヴィランド航空機製作所を攻撃。対空砲火により撃墜されてしまった（本文第二章を参照）。スピナーが飛行隊本部を表すグリーンと、第I飛行隊色である白の組み合わせになっていることに注意。

25
Ju88A-1 「3Z＋KN」 1940年9月 ラン＝アティエ
第77爆撃航空団第5中隊
フィービヒの孤軍奮闘より以前の9月、第77航空団は二度にわたり大規模な出撃を実施し、合わせて19機もが未帰還となるという大きな犠牲を払った。「クーアフルスト＝ノルトポール」の方向舵と左主翼上面に描かれている大きな白い長方形は、他の多くの機にも見られるもので、本来は空中での編隊結成と識別用だが、迎撃するイギリス空軍戦闘機にとっても同様に、よい目印となったに違いない。

26
Ju88A-5 「L1＋XB」 1941年1月 オルレアン＝ブリシー
第1教導航空団第I飛行隊本部
一見、この機体は第1教導航空団第I飛行隊本部小隊所属（胴体の最後の文字「B」でそれとわかる）の、下面を夜間迷彩にした普通のA-5だが、小さな「舞い降りる鷲」のマーク［第30爆撃航空団のもの］がラジエーター・カウリングに描かれている理由はよくわからない。正しくはどちらの部隊の所属かは、コクピット下に第1教導航空団の「グリフォン」のマークが描かれていることでも裏付けられる（図では見えないが、29頁の写真を参照）。したがって、これは戦時中のドイツ空軍で部品の共食い方式整備が行われていたことを示す最初の証拠写真でないとすれば、考えられるのは、本機の乗員たちが以前は第30爆撃航空団に勤務していたのだろうということぐらいである。

27
Ju88A-1 「L1＋AL」 1940年8月 オルレアン＝ブリシー
第1教導航空団第3中隊
この機体に不明な点はない。規定通りのマーキングをすべて飾った「アントーン＝ルートヴィヒ」は第3中隊長ゾーデマン中尉の乗機で、9月21日、昼間偵察飛行に飛び立ったが、敵戦闘機と対空砲火の両方にやられ、チチェスター付近に不時着した。

28
Ju88A-5 「M2＋HK」 1941年4月 ヴァンヌ
第106沿岸防備飛行隊第2中隊
この部隊は正式には依然海軍の監督下にあって、ビスケー湾岸の基地から海上偵察任務に従事していたが、Ju88で装備された第2・第3中隊は1941年春、イギリスへの夜間空襲にも参加した。そのためマーキング類を黒く塗り、排気管に消炎器をつけてある。機首には船舶攻撃用の機関砲も備えている。

29
Ju88D-1 「M2＋CH」 1942年4月 モルレー
第106爆撃飛行隊第1中隊
前出の第106沿岸防備飛行隊は空軍に移管され、第106爆撃飛行隊と改称されたが、それでもJu88A爆撃機と、この図のようなJu88D武装偵察機を混成備備し、船舶攻撃と海上偵察活動を続行した。その海上任務の証拠は「チェーザー＝ハインリヒ」の方向舵の、爆撃を加えたり撃沈した敵船を正確に描いたスコアボードにも示されている。本機は4月30日早朝、ヨークの東方でイギリス空軍第253飛行隊のハリケーンII型夜間戦闘機（Y・マーエ准尉操縦）に撃墜された。

30
Ju88A-4 S4＋ML 1941年6月 オランダ
第506爆撃飛行隊第3中隊
第506沿岸防備飛行隊もまた1941年の4月に改称されて、独立の爆撃飛行隊となり、ベネルクスの基地から、おもにイギリス東海岸に向けて昼間および夜間出撃を実施した。機体の下面と国籍マークがほとんど黒く塗りつぶされていることから見て、この機体は当時、夜間任務についていたものである。

■カバー裏
Ju88A-1 M7＋CK 1940年10月 カン＝カルピケ
第806爆撃飛行隊第2中隊
第806爆撃飛行隊は1939年から40年にかけての冬、沿岸防備飛行隊から最初に爆撃飛行隊となった部隊のひとつで、イギリス本土航空戦の開始と時を同じくしてHe111からJu88に機種を改変した。図に示されているような標準的塗装で昼間作戦に参加したのち、飛行隊は夜間攻撃に転じ、さらに1941年6月初頭には、ソ連侵攻のため東方に移動した。

■BIBBLIOGRAPHY / 原書の参考文献

Adler, Maj H., *Wir Greifen England An!* Wilhelm Limpert-Verlag, Berlin, 1940
Balke, Ulf, *Der Luftkrieg in Europa (KG 2 im Zweiten Weltkrieg) (Vols 1 & 2)*. Bernard & Graefe Verlag, Koblenz, 1989-1990
Bekker, Cajus, *Angriffshöhe 4000: Kriegstagebuch der deutschen Luftwaffe*. Gerhard Stalling Verlag, Oldenburg, 1964
Bingham, Victor, *Blitzed! The Battle of France May-June 1940*. Air Research Publications, New Malden, 1990
Bongartz, Heintz, *Luftkrieg im Westen*. Wilhelm Köhler Verlag, Minden, 1940
Brütting, Georg, *Das waren die deutschen Kampfflieger-Asse 1939-1945*. Motorbuch Verlag, Stuttgart, 1974
Cull, Brian, *et al*, *Twelve Days in May*. Grub Street, London, 1995
Dietrich, Wolfgang, *Kampfgeschwader 51 'Edelweiss'*. Motorbuch Verlag, Stuttgart, 1975
Dietrich, Wolfgang, *Die Verbände der Luftwaffe 1935-1945*. Motorbuch Verlag, Stuttgart, 1976
Gundelach, Karl, *Kampfgeschwader 'General Wever' 4*. Motorbuch Verlag, Stuttgart, 1978
Kohl, Hermann, *Wir Fliegen gegen England*. Ensslin & Laiblin, Reutlingen, 1941
Loewenstern, Erich v., *Luftwaffe über dem Feind*. Wilhelm Limpert-Verlag, Berlin, 1941
Matthias, Joachim, *Alarm! Deutsche Fliger über England*. Steiniger-Verlage, Berlin, 1940
Neitzel, Sönke, *Der Einsatz der deutschen Luftwaffe über dem Atlantik und der Nordsee, 1939-1945*. Bernard & Graefe Verlag, Bonn, 1995
Orlovius, Dr Heinz, *Die Deutsche Luftfahrt, Jahrbuch 1941*. Verlag Fritz Knapp, Frankfurt-am-Main, 1941
Parker, Danny S., *To Win the Winter Sky: Air War over the Ardennes, 1944-1945*. Greenhill Books, London, 1994
Price, Alfred, *Blitz on Britain 1939-1945*. Ian Allan, Shepperton, 1976
Radtke, Siegfried, *Kampfgeschwader 54*. Schild Verlag, Munich, 1990
Ramsey, Winston, G. (ed), *The Battle of Britain Then and Now*. After the Battle, London, 1985
Ramsey, Winston, G. (ed), *The Blitz Then and Now (3 Vols)*. After the Battle, London, 1987, 1988 and 1990
Rose, Arno, *Mistel: Die Geschichte der Huckepack-Flugzeuge*. Motorbuch Verlag, Stuttgart, 1981
Schellmann, Holm, *Die Luftwaffe und das 'Bismarck' Unternehmen im Mai 1944*. Verlag E S Mitler & Sohn, Frankfurt-am-Main, 1962
Schmidt, Rudi, *Achtung-Torpedo Los! Der. . Einsatz des Kampfgeschwaders 26*. Bernard & Graefe Verlag, Koblenz, 1991
Schramm, Percy E. (ed), *Kriegstagebuch des OKW (8 Vols)*, Manfred Pawlak, Herrsching, 1982
Stahl, P. W., *Kampfflieger zwischen Eismeer und Sahara (KG 30)*. Motorbuch Verlag, Stuttgart, 1982
Wood, Derek with Dempster, Derek, *The Narrow Margin*. Arrow, London, 1969
ほかに、大戦後から現代に至る関連雑誌、定期刊行物および年鑑も参照した。

◎著者紹介 | ジョン・ウィール　John Weal

英本土航空戦を少年時代に目撃し、ドイツ機に強い関心を抱く。英空軍の一員として1950年代末にドイツに勤務して以来、堪能なドイツ語を駆使し、旧ドイツ空軍将兵たちと交流を重ねてきた。英国の航空誌『Air Enthusiast』のスタッフ画家として数多くのイラストを発表。本シリーズではドイツ空軍に関する多数の著作があり、カラー・イラストも手がける。夫人はドイツ人。

◎訳者紹介 | 柄澤英一郎（からさわえいいちろう）

1939年長野県生まれ。早稲田大学政治経済学部卒業。朝日新聞社入社、『週刊朝日』『科学朝日』各編集部員、『世界の翼』編集長、『朝日文庫』編集長などを経て1999年退職、帰農。著書に『日本近代と戦争6　軍事技術の立ち遅れと不均衡』（共著、PHP研究所刊）など、訳書に『編隊飛行』（J・E・ジョンソン著、朝日ソノラマ刊）、『第二次大戦のポーランド人戦闘機エース』『第二次大戦のイタリア空軍エース』『第二次大戦のフランス軍戦闘機エース』（ともに大日本絵画刊）がある。

オスプレイ軍用機シリーズ 24
西部戦線のユンカースJu88
爆撃航空団の戦歴

発行日	2002年8月10日　初版第1刷	
著者	ジョン・ウィール	
訳者	柄澤英一郎	
発行者	小川光二	
発行所	株式会社大日本絵画	
	〒101-0054 東京都千代田区神田錦町1丁目7番地	
	電話：03-3294-7861	
	http://www.kaiga.co.jp	
編集	株式会社アートボックス	
装幀・デザイン	関口八重子	
印刷／製本	大日本印刷株式会社	

©2000 Osprey Publishing Limited
Printed in Japan
ISBN4-499-22787-9 C0076

Ju 88 Kampfgeschwader
on the Western Front
John Weal

First published in Great Britain in 2000,
by Osprey Publishing Ltd, Elms Court,
Chapel Way, Botley, Oxford, OX2 9LP.
All rights reserved.
Japanese language translation
©2002 Dainippon Kaiga Co., Ltd.

ACKNOWLEDGEMENTS

The author wishes to thank the following individuals for their invaluable assistance in providing photographs for use in this volume; Messrs Dr Alfred Price and Robert Simpson, and *Herren* Manfried Griehl, Holger Nauroth and Walter Stiebl. Finally, Osprey also acknowledges the provision of photographs from the Aerospace Publishing archive.